公益財団法人 日本数学検定協会 監修

受かる！
数学検定

[過去問題集] 3級

The Mathematics Certification Institute of Japan
>> 3rd Grade

改訂版

Gakken

はじめに

　実用数学技能検定の3～5級は中学校で扱う数学の内容がもとになって出題されていますが，この範囲の内容は算数から数学へつなげるうえでも，社会との接点を考えるうえでもたいへん重要です。

　令和3年4月1日から全面実施された中学校学習指導要領では，数学的活動の3つの内容として，"日常の事象や社会の事象から問題を見いだし解決する活動""数学の事象から問題を見いだし解決する活動""数学的な表現を用いて説明し伝え合う活動"を挙げています。これらの活動を通して，数学を主体的に生活や学習に生かそうとしたり，問題解決の過程を評価・改善しようとしたりすることなどが求められているのです。

　実用数学技能検定は実用的な数学の技能を測る検定です。実用的な数学技能とは計算・作図・表現・測定・整理・統計・証明の7つの技能を意味しており，検定問題を通して提要された具体的な活用の場面が指導要領に示されている数学的活動とも結びつく内容になっています。また，3～5級に対応する技能の概要でも社会生活と数学技能の関係性について言及しています。

　このように，実用数学技能検定では社会のなかで使われている数学の重要性を認識しながら問題を出題しており，なかでも3～5級はその基礎的数学技能を評価するうえで重要な階級であると言えます。

　さて，実際に社会のなかで，3～5級の内容がどんな場面で使われるのでしょうか。一次関数や二次方程式など単元別にみても，さまざまな分野で活用されているのですが，数学を学ぶことで，社会生活における基本的な考え方を身につけることができます。当協会ではビジネスにおける数学の力を把握力，分析力，選択力，予測力，表現力と定義しており，物事をちゃんと捉えて，何が起きているかを考え，それをもとにどうすればよりよい結果を得られるのか。そして，最後にそれらの考えを相手にわかりやすいように伝えるにはどうすればよいのかということにつながっていきます。

　こうしたことも考えながら問題にチャレンジしてみてもいいかもしれませんね。

公益財団法人 日本数学検定協会

数学検定3級を受検するみなさんへ

数学検定とは

実用数学技能検定(後援＝文部科学省。対象：1〜11級)は,数学の実用的な技能(計算・作図・表現・測定・整理・統計・証明)を測る「記述式」の検定で, 公益財団法人日本数学検定協会が実施している全国レベルの実力・絶対評価システムです。

検定の概要

1級, 準1級, 2級, 準2級, 3級, 4級, 5級, 6級, 7級, 8級, 9級, 10級, 11級, かず・かたち検定のゴールドスター, シルバースターの合計15階級があります。
1〜5級には, 計算技能を測る「1次：計算技能検定」と数理応用技能を測る「2次：数理技能検定」があります。1次も2次も同じ日に行います。初めて受検するときは, 1次・2次両方を受検します。
6級以下には, 1次・2次の区分はありません。

○受検資格

原則として受検資格を問いません。

○受検方法

「個人受験」「提携会場受験」「団体受験」の 3 つの受験方法があります。
受験方法によって, 検定日や検定料, 受験できる階級や申し込み方法などが異なります。

くわしくは公式サイトでご確認ください。
https://www.su-gaku.net/suken/

○ 階級の構成

階級		検定時間	出題数	合格基準	目安となる程度
1級		1次：60分 2次：120分	1次：7問 2次：2題必須・ 5題より2題選択	1次： 全問題の 70%程度 2次： 全問題の 60%程度	大学程度・一般
準1級					高校3年生程度 （数学Ⅲ程度）
2級		1次：50分 2次：90分	1次：15問 2次：2題必須・ 5題より3題選択		高校2年生程度 （数学Ⅱ・数学B程度）
準2級			1次：15問 2次：10問		高校1年生程度 （数学Ⅰ・数学A程度）
3級		1次：50分 2次：60分	1次：30問 2次：20問		中学3年生程度
4級					中学2年生程度
5級					中学1年生程度
6級		50分	30問	全問題の 70%程度	小学6年生程度
7級					小学5年生程度
8級					小学4年生程度
9級		40分	20問		小学3年生程度
10級					小学2年生程度
11級					小学1年生程度
かず・ かたち 検定	ゴールド スター シルバー スター	40分	15問	10問	幼児

○ 合否の通知

検定試験実施から，約40日後を目安に郵送にて通知。
検定日の約3週間後に「数学検定」公式サイト (https://www.su-gaku.net/suken/) から
の合格確認もできます。

○ 合格者の顕彰

【1〜5級】

1次検定のみに合格すると計算技能検定合格証，
2次検定のみに合格すると数理技能検定合格証，
1次2次ともに合格すると実用数学技能検定合格証が発行されます。

【6〜11級およびかず・かたち検定】

合格すると実用数学技能検定合格証，
不合格の場合は未来期待証が発行されます。

● 実用数学技能検定合格，計算技能検定合格，数理技能検定合格をそれぞれ認め，永続し
てこれを保証します。

○ 実用数学技能検定取得のメリット

◎ 高等学校卒業程度認定試験の必須科目「数学」が試験免除

実用数学技能検定2級以上取得で，文部科学省が行う高等学校卒業程度認定試験
の「数学」が免除になります。

◎ 実用数学技能検定取得者入試優遇制度

大学・短期大学・高等学校・中学校などの一般・推薦入試における各優遇措置が
あります。学校によって優遇の内容が異なりますのでご注意ください。

◎ 単位認定制度

大学・高等学校・高等専門学校などで，実用数学技能検定の取得者に単位を認定
している学校があります。

○3級の検定内容および技能の概要

3級の検定内容は，下のような構造になっています。

E	F	G	特有問題
30%	30%	30%	10%

E （中学3年）

検定の内容

平方根，式の展開と因数分解，二次方程式，三平方の定理，円の性質，相似比，面積比，体積比，簡単な二次関数，簡単な統計　など

技能の概要

▶**社会で創造的に行動するために役立つ基礎的数学技能**

①簡単な構造物の設計や計算ができる。

②斜めの長さを計算することができ，材料の無駄を出すことなく切断したり行動することができる。

③製品や社会現象を簡単な統計図で表示することができる。

F （中学2年）

検定の内容

文字式を用いた簡単な式の四則混合計算，文字式の利用と等式の変形，連立方程式，平行線の性質，三角形の合同条件，四角形の性質，一次関数，確率の基礎，簡単な統計　など

技能の概要

▶**社会で主体的かつ合理的に行動するために役立つ基礎的数学技能**

①2つのものの関係を文字式で合理的に表示することができる。

②簡単な情報を統計的な方法で表示することができる。

G （中学1年）

検定の内容

正の数・負の数を含む四則混合計算，文字を用いた式，一次式の加法・減法，一元一次方程式，基本的な作図，平行移動，対称移動，回転移動，空間における直線や平面の位置関係，扇形の弧の長さと面積，空間図形の構成，空間図形の投影・展開，柱体・錐体及び球の表面積と体積，直角座標，負の数を含む比例・反比例，度数分布とヒストグラム　など

技能の概要

▶**社会で賢く生活するために役立つ基礎的数学技能**

1. 負の数がわかり，社会現象の実質的正負の変化をグラフに表すことができる。

2. 基本的図形を正確に描くことができる。

3. 2つのものの関係変化を直線で表示することができる。

※アルファベットの下の表記は目安となる学年です。

6

1）当日の持ち物

持ち物＼階級	1〜5級		6〜8級	9〜11級	かず・かたち検定
	1次	2次			
受検証（写真貼付）※1	必須	必須	必須	必須	
鉛筆またはシャープペンシル（黒のHB・B・2B）	必須	必須	必須	必須	必須
消しゴム	必須	必須	必須	必須	必須
ものさし（定規）		必須	必須	必須	
コンパス		必須	必須		
分度器			必須		
電卓（算盤）※2		使用可			

※1 個人受検と提供会場受検のみ

※2 使用できる電卓の種類 ○一般的な電卓 ○関数電卓 ○グラフ電卓
通信機能や印刷機能をもつもの，携帯電話・スマートフォン・電子辞書・パソコンなどの電卓機能は使用できません。

2）答案を書く上での注意

計算技能検定問題・数理技能検定問題とも書き込み式です。

答案は採点者にわかりやすいようにていねいに書いてください。特に，0と6，4と9，PとDとOなど，まぎらわしい数字・文字は，はっきりと区別できるように書いてください。正しく採点できない場合があります。

> **受検申込方法**

受検の申し込みには団体受検と個人受検があります。くわしくは，公式サイト（https://www.su-gaku.net/suken/）をご覧ください。

> ○ 個人受検の方法

個人受検できる検定日は，年3回です。検定日については公式サイト等でご確認ください。※9級，10級，11級は個人受検を実施しません。

● お申し込み後，検定日の約1週間前を目安に受検証を送付します。受検証に検定会場や時間が明記されています。

● 検定会場は全国の県庁所在地を目安に設置される予定です。（検定日によって設定される地域が異なりますのでご注意ください。）

● 一旦納入された検定料は，理由のいかんによらず返還，繰り越し等いたしません。

◎個人受検は次のいずれかの方法でお申し込みできます。

1) インターネットで申し込む

受付期間中に公式サイト（https://www.su-gaku.net/suken/）からお申し込みができます。詳細は，公式サイトをご覧ください。

2) LINEで申し込む

数検LINE公式アカウントからお申し込みができます。お申し込みには「友だち追加」が必要です。詳細は，公式サイトをご覧ください。

3) コンビニエンスストア設置の情報端末で申し込む

下記のコンビニエンスストアに設置されている情報端末からお申し込みができます。

- ◉ セブンイレブン「マルチコピー機」
- ◉ ローソン「Loppi」
- ◉ ファミリーマート「マルチコピー機」
- ◉ ミニストップ「MINISTOP Loppi」

4) 郵送で申し込む

①公式サイトからダウンロードした個人受検申込書に必要事項を記入します。

②検定料を郵便口座に振り込みます。

※郵便局へ払い込んだ際の領収書を受け取ってください。
※検定料の払い込みだけでは，申し込みとなりません。

> 郵便局振替口座：00130-5-50929
> 公益財団法人 日本数学検定協会

③下記宛先に必要なものを郵送します。

(1)受検申込書　(2)領収書・振込明細書（またはそのコピー）

> ［宛先］ 〒110-0005 東京都台東区上野5-1-1　文昌堂ビル4階
> 公益財団法人　日本数学検定協会　宛

デジタル特典　スマホで読める要点まとめ＋模擬検定問題

URL：https://gbc-library.gakken.jp/
ID：ndnnr
パスワード：t4uehma3

※「コンテンツ追加」から「ID」と「パスワード」をご入力ください。
※コンテンツの閲覧にはGakkenIDへの登録が必要です。IDとパスワードの無断転載・複製を禁じます。サイトアクセス・ダウンロード時の通信料はお客様のご負担になります。サービスは予告なく終了する場合があります。

02 はじめに

03 数学検定3級を受検するみなさんへ

09 もくじ

10 本書の特長と使い方

【第1回　数学検定過去問題】

11 1次（計算技能検定）

15 2次（数理技能検定）

【第2回　数学検定過去問題】

21 1次（計算技能検定）

25 2次（数理技能検定）

【第3回　数学検定過去問題】

31 1次（計算技能検定）

35 2次（数理技能検定）

【第4回　数学検定過去問題】

41 1次（計算技能検定）

45 2次（数理技能検定）

受かる！数学検定
過去問題集 **3級**
CONTENTS

〈巻末〉　◎第1回～第4回　解答用紙（切り取り式）

《別冊》解答と解説
※巻末に、本冊と軽くのりづけされていますので、はずしてお使いください。

本書の特長と使い方

　検定本番で100％の力を発揮するためには，検定問題の形式に慣れておく必要があります。本書は，実際に行われた過去の検定問題でリハーサルをして，実力の最終チェックができるようになっています。

　本書で検定対策の総仕上げをして，自信をもって本番にのぞみましょう。

① 本番のつもりで過去問題を解く！

　まず，巻末についている解答用紙をていねいに切り取って，氏名と受検番号（好きな番号でよい）を書きましょう。

　問題は，検定本番のつもりで，時間を計って制限時間内に解くようにしましょう。なお，制限時間は1次が50分，2次が60分です。

ミシン線にそって，ていねいに切り離そう。

② 解き終わったら，答え合わせ＆解説チェック！

『受かる！ 数学検定3級』とのリンクつき。

例 1章 🖉 1　1章の項目①（数の計算）にリンク

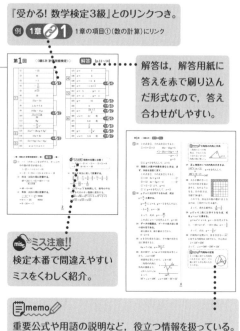

解答は，解答用紙に答えを赤で刷り込んだ形式なので，答え合わせがしやすい。

　問題を解き終わったら，解答用紙と別冊解答とを照らし合わせて，答え合わせをしましょう。

　間違えた問題は解説をよく読んで，しっかり解き方を身につけましょう。同じミスを繰り返さないことが大切です。

　なお，本書は別売の数学検定攻略問題集「受かる！ 数学検定3級」とリンクしているので，間違えた問題や不安な問題は，「受かる！ 数学検定3級」でくわしく学習することもできます。重点的に弱点を克服したり，類題を解いたりして，レベルアップに役立てましょう。

ミス注意!!
検定本番で間違えやすいミスをくわしく紹介。

memo
重要公式や用語の説明など，役立つ情報を扱っている。

実用数学技能検定

３級

1次：計算技能検定

[検定時間]
50分

─── 検定上の注意 ───

1. 自分が受検する階級の問題用紙であるか確認してください。
2. 検定開始の合図があるまで問題用紙を開かないでください。
3. この表紙の右下の欄に，氏名・受検番号を書いてください。
4. 解答用紙の氏名・受検番号・生年月日の記入欄は，もれのないように書いてください。
5. 解答用紙には答えだけを書いてください。
6. 答えが分数になるとき，約分してもっとも簡単な分数にしてください。
7. 答えに根号が含まれるとき，根号の中の数はもっとも小さい整数にしてください。
8. 電卓・ものさし・コンパスを使用することはできません。
9. 携帯電話は電源を切り，検定中に使用しないでください。
10. 問題用紙に乱丁・落丁がありましたら検定監督官に申し出てください。
11. 出題内容に関する事項を当協会の許可なくインターネットなどの不特定多数が閲覧できるような所に掲載することを固く禁じます。
12. 検定終了後，この問題用紙は解答用紙と一緒に回収します。必ず検定監督官に提出してください。

※検定上の注意は，実際の検定問題用紙に書かれている内容をそのまま掲載しています。

氏　名		受検番号	―

公益財団法人 日本数学検定協会

〔3級〕　　1次：計算技能検定

1　次の計算をしなさい。

(1)　$(-2)-(+4)+(-9)$

(2)　$48+24\div(-6)$

(3)　$(-3)^2+(-4^2)$

(4)　$\dfrac{5}{6}-\dfrac{2}{3}\div\dfrac{8}{15}$

(5)　$\sqrt{40}+\sqrt{90}$

(6)　$(\sqrt{7}+2\sqrt{3})^2-\dfrac{12\sqrt{7}}{\sqrt{3}}$

(7)　$4(8x-3)+7(3x-6)$

(8)　$0.6(5x+9)-0.3(2x-8)$

(9)　$9(7x-4y)+5(8x-y)$

(10)　$\dfrac{3x+4y}{4}-\dfrac{x+2y}{5}$

(11)　$24xy^3\div3xy^2$

(12)　$-\dfrac{7}{9}x^3y\div\left(\dfrac{5}{6}x^2y\right)^2\times\dfrac{10}{21}x^3y$

2　次の式を展開して計算しなさい。

(13)　$(4x-y)(8x-5y)$

(14)　$(x+7)^2-(x+2)(x-6)$

3　次の式を因数分解しなさい。

(15)　$9x^2-64y^2$

(16)　$ax^2+4ax+3a$

4　次の方程式を解きなさい。

(17)　$-13x+18=-12x+11$

(18)　$0.9x+0.5=1.1x+0.1$

(19)　$x^2-5x-24=0$

(20)　$x^2+2x-5=0$

5　次の連立方程式を解きなさい。

(21)　$\begin{cases} 2x-3y=1 \\ -5x+7y=-4 \end{cases}$

(22)　$\begin{cases} 0.2x+0.1y=0.8 \\ \dfrac{1}{3}x-\dfrac{1}{4}y=-\dfrac{1}{3} \end{cases}$

6 次の問いに答えなさい。

⑵₃ y は x に反比例し，$x=4$ のとき $y=-5$ です。$x=-2$ のときの y の値を求めなさい。

⑵₄ 下のデータの範囲を求めなさい。

　2，3，3，4，5，6，7，8

⑵₅ 等式 $6a-5b=7$ を a について解きなさい。

⑵₆ 右の図で，$\ell /\!/ m$ のとき，$\angle x$ の大きさは何度ですか。

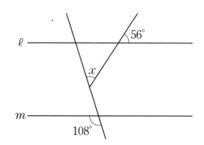

⑵₇ 正九角形の1つの内角の大きさは何度ですか。

⑵₈ 大小2個のさいころを同時に振るとき，出る目の数の積が12となる確率を求めなさい。ただし，さいころの目は1から6まであり，どの目が出ることも同様に確からしいものとします。

⑵₉ y は x の2乗に比例し，$x=4$ のとき $y=-10$ です。y を x を用いて表しなさい。

⑶₀ 右の図のように，3点 A，B，C が円 O の周上にあります。$\angle ABC=118°$ のとき，$\angle x$ の大きさは何度ですか。

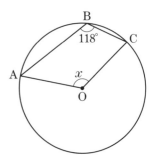

実用数学技能検定

３級

2次：数理技能検定

[検定時間]
60 分

――――― 検定上の注意 ―――――

1. 自分が受検する階級の問題用紙であるか確認してください。
2. 検定開始の合図があるまで問題用紙を開かないでください。
3. この表紙の右下の欄に，氏名・受検番号を書いてください。
4. 解答用紙の氏名・受検番号・生年月日の記入欄は，もれのないように書いてください。
5. 解答用紙には答えだけを書いてください。答えと解き方が指示されている場合は，その指示にしたがってください。
6. 答えが分数になるとき，約分してもっとも簡単な分数にしてください。
7. 答えに根号が含まれるとき，根号の中の数はもっとも小さい整数にしてください。
8. 電卓を使用することができます。
9. 携帯電話は電源を切り，検定中に使用しないでください。
10. 問題用紙に乱丁・落丁がありましたら検定監督官に申し出てください。
11. 出題内容に関する事項を当協会の許可なくインターネットなどの不特定多数が閲覧できるような所に掲載することを固く禁じます。
12. 検定終了後，この問題用紙は解答用紙と一緒に回収します。必ず検定監督官に提出してください。

※検定上の注意は，実際の検定問題用紙に書かれている内容をそのまま掲載しています。

氏　名		受検番号	―

公益財団法人 日本数学検定協会

〔3級〕　2次：数理技能検定

1 　のぞみさんとゆうなさんの2人は，長い階段の途中の同じ段に立っています。2人がじゃんけんをして，勝った場合はそのときにいる位置から階段を3段上がり，負けた場合はそのときにいる位置から階段を2段下がるゲームをします。はじめの位置を0とし，そこから上の段を正の数で，下の段を負の数で表します。たとえば，はじめの位置から2段上の位置は「＋2」，3段下の位置は「－3」となります。次の問いに答えなさい。ただし，じゃんけんに引き分けはないものとします。

(1)　じゃんけんを5回して，のぞみさんが1回勝ち，4回負けました。のぞみさんがいる位置を，正の数，または負の数を用いて表しなさい。

(2)　じゃんけんを7回して，のぞみさんが2回勝ち，5回負けました。のぞみさんはゆうなさんより何段下にいますか。

2 　右の図のような，底面が1辺10cmの正方形で，高さが12cmの正四角錐OABCDがあります。側面は合同な二等辺三角形で，10cmの辺を底辺とすると高さは13cmです。次の問いに単位をつけて答えなさい。　（測定技能）

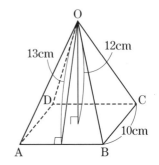

(3)　表面積は何 cm² ですか。

(4)　体積は何 cm³ ですか。

3 次の問いに答えなさい。

(5) 下の①〜④の表の中に，y が x に比例する関係を表したものがあります。その表を1つ選びなさい。また，選んだ表の x と y の関係について，y を x を用いて表しなさい。 (表現技能)

①

x	…	-6	-4	-2	0	2	4	6	…
y	…	-7	-4	-1	2	5	8	11	…

②

x	…	-6	-4	-2	0	2	4	6	…
y	…	36	16	4	0	4	16	36	…

③

x	…	-6	-4	-2	0	2	4	6	…
y	…	9	6	3	0	-3	-6	-9	…

④

x	…	-6	-4	-2	0	2	4	6	…
y	…	7	5	3	1	-1	-3	-5	…

(6) 下の表は，y が x に反比例する関係を表しています。表のア，イ，ウ，エ，オにあてはまる数をそれぞれ求めなさい。

x	…	-6	-4	-2	0	2	4	6	…
y	…	ア	2	イ	$\times$	ウ	エ	オ	…

4 10円硬貨，50円硬貨，100円硬貨がそれぞれ1枚あります。これら3枚の硬貨を同時に投げるとき，次の問いに答えなさい。ただし，硬貨の表と裏の出方は，同様に確からしいものとします。

(7) 3枚とも表となる確率を求めなさい。

(8) 1枚が表，2枚が裏となる確率を求めなさい。

(9) 少なくとも1枚が表となる確率を求めなさい。

5　右の図のように，正方形 ABCD の辺 BC，CD 上に CE＝DF となる点 E，F をそれぞれとります。線分 DE，AF を引き，その交点を G とします。このとき，DE＝AF であることを，三角形の合同を用いて，もっとも簡潔な手順で証明します。次の問いに答えなさい。

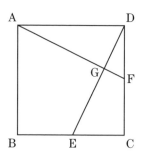

⑽　どの三角形とどの三角形が合同であることを示せばよいですか。

⑾　⑽で答えた2つの三角形が合同であることを示すときに必要な条件を，下の①〜⑥の中から3つ選びなさい。
　① DE＝AF　　　② EC＝FD　　　③ CD＝DA
　④ ∠DEC＝∠AFD　⑤ ∠ECD＝∠FDA　⑥ ∠CDE＝∠DAF

⑿　⑽で答えた2つの三角形が合同であることを示すときに用いる合同条件を，下の①〜⑤の中から1つ選びなさい。
　① 3組の辺がそれぞれ等しい。
　② 2組の辺とその間の角がそれぞれ等しい。
　③ 1組の辺とその両端の角がそれぞれ等しい。
　④ 直角三角形の斜辺と1つの鋭角がそれぞれ等しい。
　⑤ 直角三角形の斜辺と他の1辺がそれぞれ等しい。

6　横が縦より4cm長い長方形の厚紙があります。右の図のように，この厚紙の四隅から1辺が2cmの正方形を切り取り，点線で折ってふたのない深さ2cmの直方体の容器をつくりました。もとの厚紙の縦の長さを x cm とするとき，次の問いに答えなさい。ただし，$x>4$ とし，厚紙の厚さは考えないものとします。

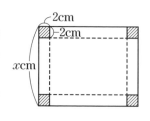

⒀　直方体の容器の底面積は何 cm^2 ですか。x を用いて表し，展開した形で答えなさい。
　　　　　　　　　　　　　　　　　　　　　　　　　　（表現技能）

⒁　容器の容積が 192cm^3 のとき，厚紙の縦の長さは何 cm ですか。x を用いた2次方程式をつくり，それを解いて求め，単位をつけて答えなさい。この問題は，計算の途中の式と答えを書きなさい。

7 　右の図のように，関数 $y=ax^2$ のグラフ上に点 A があります。点 A の座標が $(2, 6)$ のとき，次の問いに答えなさい。

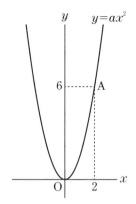

⒂　a の値を求めなさい。

⒃　この関数のグラフ上にあり，x 座標が -3 である点の座標を求めなさい。

⒄　この関数において，y の値が 15 のときの x の値をすべて求めなさい。

8 　右の図のように，四角形 ABCD の内部に点 O があります。次の問いに答えなさい。
（作図技能）

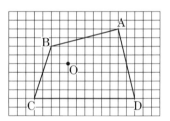

⒅　解答用紙に，点 O を中心として，四角形 A′B′C′D′ と四角形 ABCD の相似比が 1：2 となるような四角形 A′B′C′D′ を，ものさしだけを使ってかきなさい。

9

　りんごは，同じ品種の花粉では実がならないので，果樹園ではいくつかの品種を一緒に栽培します。しかし，異なる品種を一緒に栽培すればすべての品種に実がなるというわけではなく，花粉が使えない品種もあります。青森県で栽培されているりんごの8品種について，他の品種の実をならせるときに花粉が使える品種と使えない品種を分類すると下のようになります。

```
──── 花粉が使える品種 ────
A. つがる　 B. トキ　C. 紅玉
D. 王林　　 E. ふじ
```

```
──── 花粉が使えない品種 ────
F. 彩香　　G. ジョナゴールド
H. 陸奥
```

　たとえば，A（つがる）だけを栽培しても実がなりませんが，AとB（トキ）を栽培すると，それぞれの花粉でAもBも実がなります。また，AとF（彩香）の2つの品種だけを栽培すると，FはAの花粉で実がなりますが，AはFの花粉では実がなりません。そこで，AとFに加えてたとえばC（紅玉）を一緒に栽培すると，AはCの花粉で実がなり，CはAの花粉で実がなり，FはAまたはCの花粉で実がなることになります。

　青森県のりんごは，どの品種も5月頃に開花し受粉して，やがて実がなり，収穫を迎えます。次の問いに答えなさい。　　　　　　　　　（整理技能）

⑲　一緒に栽培したとき，すべての品種で実がなる組み合わせはどれですか。下の①〜⑥の中からすべて選びなさい。

①　A, C, E　　　　　②　A, F, G　　　　　③　B, D, G

④　C, D, E, H　　　 ⑤　C, E, F, G　　　 ⑥　E, F, G, H

⑳　下の図は，A〜Hの品種について，主な収穫時期をまとめたもので，■が収穫時期を表しています。

　E（ふじ）とH（陸奥）とその他の品種を一緒に栽培し，栽培したすべての品種で収穫時期が10月中旬に始まって11月中旬に終わり，収穫がこの期間途切れなく続くようにします。栽培する品種の数をできるだけ少なくするとき，E，Hと一緒に栽培する品種は2通り考えられます。その品種を求め，記号で答えなさい。

記号	品種	9月 上旬	中旬	下旬	10月 上旬	中旬	下旬	11月 上旬	中旬	下旬
A	つがる	■	■							
B	トキ				■	■				
C	紅玉				■	■				
D	王林							■	■	
E	ふじ							■	■	■
F	彩香		■	■						
G	ジョナゴールド				■	■				
H	陸奥					■	■			

（青森県弘前市のウェブサイトより抜粋）

実用数学技能検定

３級

1次：計算技能検定

[検定時間]
50分

———— 検定上の注意 ————

1. 自分が受検する階級の問題用紙であるか確認してください。

2. 検定開始の合図があるまで問題用紙を開かないでください。

3. この表紙の右下の欄に，氏名・受検番号を書いてください。

4. 解答用紙の氏名・受検番号・生年月日の記入欄は，もれのないように書いてください。

5. 解答用紙には答えだけを書いてください。

6. 答えが分数になるとき，約分してもっとも簡単な分数にしてください。

7. 答えに根号が含まれるとき，根号の中の数はもっとも小さい整数にしてください。

8. 電卓・ものさし・コンパスを使用することはできません。

9. 携帯電話は電源を切り，検定中に使用しないでください。

10. 問題用紙に乱丁・落丁がありましたら検定監督官に申し出てください。

11. 出題内容に関する事項を当協会の許可なくインターネットなどの不特定多数が閲覧できるような所に掲載することを固く禁じます。

12. 検定終了後，この問題用紙は解答用紙と一緒に回収します。必ず検定監督官に提出してください。

※検定上の注意は，実際の検定問題用紙に書かれている内容をそのまま掲載しています。

氏　名		受検番号	―

公益財団法人 日本数学検定協会

1　　次の計算をしなさい。

(1)　$-6-(-13)+(-7)$

(2)　$17+(-28)\div(-4)$

(3)　$(-2)^3-(-9)^2$

(4)　$-\dfrac{9}{4}\times\dfrac{4}{5}+\dfrac{1}{6}\div\dfrac{3}{2}$

(5)　$\sqrt{75}-\sqrt{147}+\sqrt{108}$

(6)　$\dfrac{2}{\sqrt{7}}(4\sqrt{7}+14)-4\sqrt{7}$

(7)　$15(2x-3)-9(4x-6)$

(8)　$\dfrac{3x-7}{2}-\dfrac{6x+1}{5}$

(9)　$9(2x-7y)+5(3x+8y)$

(10)　$0.2(3x+8y)-1.6(7x+9y)$

(11)　$56x^3y^3\div(-7x^3y)$

(12)　$\left(-\dfrac{1}{6}x^2\right)^2\div\left(\dfrac{3}{10}x^3y\right)^2\times\left(-\dfrac{4}{25}x^2y\right)$

2 次の式を展開して計算しなさい。

(13) $(4x+7y)(3x-8y)$

(14) $(x+8)^2-(x+9)(x-9)$

3 次の式を因数分解しなさい。

(15) $x^2+2x-15$

(16) $(x+y)^2-6(x+y)+9$

4 次の方程式を解きなさい。

(17) $8x-9=2x+15$

(18) $\dfrac{x-3}{2}=\dfrac{-2x+13}{3}$

(19) $4x^2=19$

(20) $3x^2-6x+2=0$

5 次の連立方程式を解きなさい。

(21) $\begin{cases} x-4y=12 \\ -2x+5y=-18 \end{cases}$

(22) $\begin{cases} 0.25x+0.5y=-4.5 \\ \dfrac{3}{4}x+\dfrac{2}{3}y=\dfrac{3}{2} \end{cases}$

23

6 次の問いに答えなさい。

⒀　y は x に反比例し，$x=-5$ のとき $y=9$ です。y を x を用いて表しなさい。

⒁　下のデータについて，範囲を求めなさい。

　　　2, 4, 4, 5, 8, 8, 8, 9

⒂　等式 $5a-11b=-4$ を b について解きなさい。

⒃　右の図で，$\ell /\!/ m$ のとき，$\angle x$ の大きさは何度ですか。

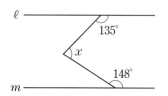

⒄　正九角形の1つの外角の大きさは何度ですか。

⒅　大小2個のさいころを同時に振るとき，出る目の数の和が8となる確率を求めなさい。ただし，さいころの目は1から6まであり，どの目が出ることも同様に確からしいものとします。

⒆　y は x の2乗に比例し，$x=-10$ のとき $y=50$ です。$x=8$ のときの y の値を求めなさい。

⒇　右の図のように，4点 A，B，C，D が円 O の周上にあり，線分 BD は円 O の直径です。$\angle ACB=50°$ のとき，$\angle x$ の大きさは何度ですか。

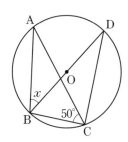

実用数学技能検定

３級

２次：数理技能検定

[検定時間]
60分

────── 検定上の注意 ──────

1. 自分が受検する階級の問題用紙であるか確認してください。
2. 検定開始の合図があるまで問題用紙を開かないでください。
3. この表紙の右下の欄に，氏名・受検番号を書いてください。
4. 解答用紙の氏名・受検番号・生年月日の記入欄は，もれのないように書いてください。
5. 解答用紙には答えだけを書いてください。答えと解き方が指示されている場合は，その指示にしたがってください。
6. 答えが分数になるとき，約分してもっとも簡単な分数にしてください。
7. 答えに根号が含まれるとき，根号の中の数はもっとも小さい整数にしてください。
8. 電卓を使用することができます。
9. 携帯電話は電源を切り，検定中に使用しないでください。
10. 問題用紙に乱丁・落丁がありましたら検定監督官に申し出てください。
11. 出題内容に関する事項を当協会の許可なくインターネットなどの不特定多数が閲覧できるような所に掲載することを固く禁じます。
12. 検定終了後，この問題用紙は解答用紙と一緒に回収します。必ず検定監督官に提出してください。

※検定上の注意は，実際の検定問題用紙に書かれている内容をそのまま掲載しています。

氏　名		受検番号	―

公益財団法人 日本数学検定協会

1　　−6から6までの整数を，下の図のように，①〜③の条件にしたがって順に分けていきます。たとえば，①の条件にあてはまる −5と5は，Aグループに入り，他のグループには入りません。次の問いに答えなさい。

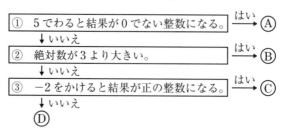

（1）　Bグループに入る数をすべて答えなさい。

（2）　Dグループに入る数をすべて答えなさい。

2　　右の図は，底面の円の半径が3cm，高さが5cmの円柱の展開図です。この展開図を組み立てたときにできる円柱について，次の問いに単位をつけて答えなさい。ただし，円周率は π とします。　　　　（測定技能）

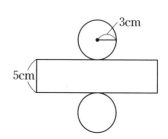

（3）　表面積は何 cm² ですか。

（4）　体積は何 cm³ ですか。

3　右の度数分布表は，ひろみさんのクラス32人の，ある1日の勉強時間について調べてまとめたものです。次の問いに答えなさい。　　　（統計技能）

勉強時間

階級(分)	度数(人)
0 以上 ～ 15 未満	2
15 ～ 30	4
30 ～ 45	6
45 ～ 60	8
60 ～ 75	8
75 ～ 90	4
合計	32

(5)　75分以上90分未満の階級の相対度数を求めなさい。

(6)　30分以上45分未満の階級までの累積相対度数を求めなさい。

4　たかこさんは，1個25円のあめと1個30円のガムを何個か買いました。あめを x 個，ガムを y 個買ったものとして，次の問いに答えなさい。ただし，消費税は値段に含まれているので，考える必要はありません。

(7)　たかこさんは，あめとガムを合わせて9個買いました。買った個数について，x, y を用いた方程式をつくりなさい。　　　（表現技能）

(8)　あめとガムの代金は合わせて250円でした。代金について，x, y を用いた方程式をつくりなさい。　　　（表現技能）

(9)　(7)，(8)のとき，たかこさんが買ったあめとガムはそれぞれ何個ですか。

5 $x-2y-3=0$ で表される直線について，次の問いに答えなさい。

(10)　y を x を用いて表しなさい。　　　　　　　　　　　　（表現技能）

(11)　直線と y 軸の交点の座標を求めなさい。

(12)　直線と x 軸の交点の座標を求めなさい。

6　連続する 2 つの偶数があります。n を整数として，小さいほうの偶数を $2n$ と表します。次の問いに答えなさい。

(13)　大きいほうの偶数を 2 乗した数を n を用いて表し，展開した形で答えなさい。　　　　　　　　　　　　　　　　　　　　（表現技能）

(14)　大きいほうの偶数を 2 乗した数から，小さいほうの偶数を 2 乗した数をひいた差は，4 の倍数であることを証明しなさい。　　（証明技能）

7 　右の図のように，関数 $y = ax^2$ のグラフ上に 2 点 A，B をとります。点 A の座標が $(-1, 1)$，点 B の x 座標が 3 のとき，次の問いに答えなさい。

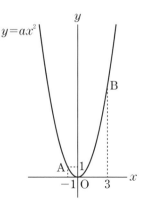

(15)　a の値を求めなさい。

(16)　点 B の座標を求めなさい。

8 　右の図のように，△ABC の頂点 A から辺 BC に垂線を引き，辺 BC との交点を D とします。AC＝7cm，AD＝6cm，BD＝4cm のとき，次の問いに単位をつけて答えなさい。

（測定技能）

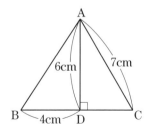

(17)　辺 AB の長さは何 cm ですか。

(18)　線分 DC の長さは何 cm ですか。この問題は，計算の途中の式と答えを書きなさい。

9　ある整数 A について，それぞれの位の数を 2 乗してたした値を【A】と
表すこととします。たとえば，整数 A が 204 のとき

$$【204】= 2^2 + 0^2 + 4^2 = 20$$

となります。次の問いに答えなさい。　　　　　　　　　　　（整理技能）

(19)　【87】の値を求めなさい。

(20)　【x】＝26 となる 3 けたの整数 x のうち，もっとも大きい数を求めな
さい。

実用数学技能検定

3 級

1次：計算技能検定

[検定時間]
50分

―――― 検定上の注意 ――――

1. 自分が受検する階級の問題用紙であるか確認してください。
2. 検定開始の合図があるまで問題用紙を開かないでください。
3. この表紙の右下の欄に，氏名・受検番号を書いてください。
4. 解答用紙の氏名・受検番号・生年月日の記入欄は，もれのないように書いてください。
5. 解答用紙には答えだけを書いてください。
6. 答えが分数になるとき，約分してもっとも簡単な分数にしてください。
7. 答えに根号が含まれるとき，根号の中の数はもっとも小さい整数にしてください。
8. 電卓・ものさし・コンパスを使用することはできません。
9. 携帯電話は電源を切り，検定中に使用しないでください。
10. 問題用紙に乱丁・落丁がありましたら検定監督官に申し出てください。
11. 出題内容に関する事項を当協会の許可なくインターネットなどの不特定多数が閲覧できるような所に掲載することを固く禁じます。
12. 検定終了後，この問題用紙は解答用紙と一緒に回収します。必ず検定監督官に提出してください。

※検定上の注意は，実際の検定問題用紙に書かれている内容をそのまま掲載しています。

氏　名		受検番号	―

公益財団法人 日本数学検定協会

〔3級〕　　1次：計算技能検定

1　次の計算をしなさい。

(1)　$-34-(-9)-6$

(2)　$14+28\div(-7)$

(3)　$(-6)^2-(-4)^3$

(4)　$-\dfrac{7}{10}+\dfrac{2}{15}\times\left(\dfrac{3}{2}\right)^2$

(5)　$2\sqrt{75}-\sqrt{27}$

(6)　$4\sqrt{2}\,(\sqrt{2}+6)-\dfrac{48}{\sqrt{2}}$

(7)　$9(4x+7)+2(-8x-5)$

(8)　$0.8(x+4)-0.9(3x+2)$

(9)　$3(-2x+5y)+5(4x-y)$

(10)　$\dfrac{-2x+y}{9}-\dfrac{5x+4y}{6}$

(11)　$-36x^2y^3\div9xy^2$

(12)　$\left(\dfrac{5}{3}xy^2\right)^2\times\dfrac{21}{20}x^2y\div\dfrac{35}{24}xy^3$

2 次の式を展開して計算しなさい。

(13) $(4x-y)(2x+9y)$

(14) $(x-7)(x+8)-(x+4)(x-4)$

3 次の式を因数分解しなさい。

(15) $x^2-10x+25$

(16) $(x+y)^2-7(x+y)+12$

4 次の方程式を解きなさい。

(17) $6x+15=7x+9$

(18) $\dfrac{x+3}{3}=\dfrac{x-8}{6}$

(19) $49x^2-3=0$

(20) $2x^2-7x+1=0$

5 次の連立方程式を解きなさい。

(21) $\begin{cases} 2x+3y=2 \\ 3x+2y=18 \end{cases}$

(22) $\begin{cases} x-0.3y=0.1 \\ \dfrac{5}{6}x-\dfrac{1}{3}y=\dfrac{2}{3} \end{cases}$

6　次の問いに答えなさい。

⑵⑶　y は x に反比例し，$x=4$ のとき $y=-7$ です。y を x を用いて表しなさい。

⑵⑷　下のデータについて，範囲を求めなさい。

　　　5，6，8，9，10，10，11

⑵⑸　等式 $3x-7y=14$ を y について解きなさい。

⑵⑹　右の図で，$\ell /\!/ m$ のとき，$\angle x$ の大きさは何度ですか。

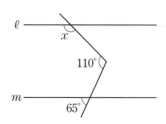

⑵⑺　九角形の内角の和は何度ですか。

⑵⑻　大小2個のさいころを同時に振るとき，出る目の数の和が5となる確率を求めなさい。ただし，さいころの目は1から6まであり，どの目が出ることも同様に確からしいものとします。

⑵⑼　y は x の2乗に比例し，$x=4$ のとき $y=2$ です。$x=-2$ のときの y の値を求めなさい。

⑶⑽　右の図のように，3点 A，B，C が円 O の周上にあります。$\angle ABC=122°$ のとき，$\angle x$ の大きさは何度ですか。

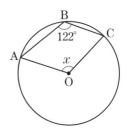

実用数学技能検定

3級

2次：数理技能検定

[検定時間]
60分

────── 検定上の注意 ──────

1. 自分が受検する階級の問題用紙であるか確認してください。

2. 検定開始の合図があるまで問題用紙を開かないでください。

3. この表紙の右下の欄に，氏名・受検番号を書いてください。

4. 解答用紙の氏名・受検番号・生年月日の記入欄は，もれのないように書いてください。

5. 解答用紙には答えだけを書いてください。答えと解き方が指示されている場合は，その指示にしたがってください。

6. 答えが分数になるとき，約分してもっとも簡単な分数にしてください。

7. 答えに根号が含まれるとき，根号の中の数はもっとも小さい整数にしてください。

8. 電卓を使用することができます。

9. 携帯電話は電源を切り，検定中に使用しないでください。

10. 問題用紙に乱丁・落丁がありましたら検定監督官に申し出てください。

11. 出題内容に関する事項を当協会の許可なくインターネットなどの不特定多数が閲覧できるような所に掲載することを固く禁じます。

12. 検定終了後，この問題用紙は解答用紙と一緒に回収します。必ず検定監督官に提出してください。

※検定上の注意は，実際の検定問題用紙に書かれている内容をそのまま掲載しています。

氏　名		受検番号	―

公益財団法人 日本数学検定協会

1　　よしきさんは32枚，妹は10枚の折り紙を持っています。よしきさんは妹に折り紙を何枚かあげました。次の問いに答えなさい。

(1)　よしきさんが妹にあげた折り紙の枚数を x 枚とします。よしきさんが折り紙をあげたあと，よしきさんと妹が持っている折り紙の枚数はそれぞれ何枚ですか。x を用いて表しなさい。　　　　　　　　　　（表現技能）

(2)　よしきさんが妹に折り紙をあげたあと，よしきさんの折り紙の枚数は，妹の枚数の2倍になりました。このとき，よしきさんが妹にあげた折り紙の枚数は何枚ですか。

2　　半径が6cm，弧の長さが10πcm のおうぎ形について，次の問いに単位をつけて答えなさい。ただし，円周率は π とします。　　　　（測定技能）

(3)　中心角の大きさは何度ですか。

(4)　面積は何 cm² ですか。

3　右の度数分布表は，まなみさんの中学校の女子 45 人について，握力の記録をまとめたものです。次の問いに答えなさい。

（統計技能）

握力の記録

階級（kg）	度数（人）
15 以上～ 18 未満	4
18　～ 21	9
21　～ 24	10
24　～ 27	13
27　～ 30	6
30　～ 33	3
合計	45

⑸　21kg 以上 24kg 未満の階級までの累積度数は何人ですか。

⑹　18kg 以上 21kg 未満の階級の相対度数を求めなさい。

4　2けたの正の整数に，その数の十の位の数と一の位の数の和の 2 倍をたした数は，3 の倍数になります。たとえば，14 の場合，$14+(1+4)\times2=24=3\times8$ となります。このことは，下のように説明できます。

> 　十の位の数を a，一の位の数を b とすると，2けたの正の整数は $\boxed{ア}$，十の位の数と一の位の数の和は $\boxed{イ}$ と表される。このとき，2けたの正の整数に，その数の十の位の数と一の位の数の和の 2 倍をたした数は
> $$(\boxed{ア})+2(\boxed{イ})=3(\boxed{ウ})$$
> $\boxed{ウ}$ は整数だから，$3(\boxed{ウ})$ は 3 の倍数である。
> 　よって，2けたの正の整数に，その数の十の位の数と一の位の数の和の 2 倍をたした数は，3 の倍数である。

次の問いに答えなさい。

（表現技能）

⑺　$\boxed{ア}$ と $\boxed{イ}$ にあてはまる式を，a，b を用いてそれぞれ表しなさい。

⑻　$\boxed{ウ}$ にあてはまる式を，a，b を用いて表しなさい。

5 右の図のように，$y=x+2$で表される直線ℓと，点$(4,\ 0)$を通る直線mが，x座標が2である点Aで交わっています。直線ℓとy軸の交点をBとするとき，次の問いに答えなさい。

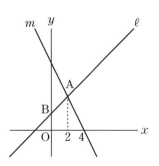

(9)　点Aの座標を求めなさい。

(10)　直線mの式を求め，yをxを用いて表しなさい。　　　　　（表現技能）

(11)　点Bを通り，直線mに平行な直線の式を求め，yをxを用いて表しなさい。　　　　　（表現技能）

6 nを正の整数とするとき，次の問いに答えなさい。

(12)　$\sqrt{24}<n<\sqrt{65}$を満たすnの値をすべて求めなさい。

(13)　$\sqrt{135n}$が正の整数となるようなnの最小値を求めなさい。

7 関数 $y = ax^2$ のグラフが点 $(-6, -12)$ を通るとき，次の問いに答えなさい。

(14) a の値を求めなさい。この問題は，計算の途中の式と答えを書きなさい。

(15) x の変域が $-9 \leqq x \leqq 3$ のときの y の変域を求めなさい。

8 図1のような，AB＝4cm，AD＝5cm，BF＝2cm の直方体 ABCDEFGH があります。次の問いに単位をつけて答えなさい。

（測定技能）

図1

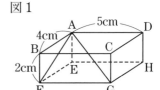

(16) 線分 AF の長さは何 cm ですか。この問題は，計算の途中の式と答えを書きなさい。

(17) 対角線 AG の長さは何 cm ですか。

(18) 図2のように，点 D から辺 BC を通って，点 F まで糸をかけます。かける糸の長さがもっとも短くなるとき，糸の長さは何 cm ですか。

図2

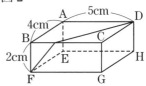

9　下の図のように，1辺が100mの正方形からなるマス目があります。線は道路を表し，交点は交差点を表しています。ⓐ，ⓘ，ⓤ，ⓔの交差点の近くに，あゆみさん，いつきさん，うめかさん，えみりさんの家がそれぞれあります。

　4人は一緒に遊ぶためにどこかの交差点に集合することにしました。4人はそれぞれⓐ〜ⓔの交差点を出発し，集合場所まで道路に沿って，道のりがもっとも短くなるように歩きます。たとえば，交差点Pを集合場所とすると，交差点Pまであゆみさんは500m，いつきさんは400m，うめかさんは500m，えみりさんは300m歩きます。

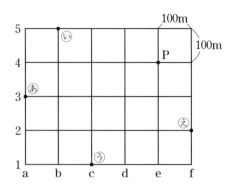

　4人の集合場所を決めるとき，次の問いに答えなさい。ただし，図のように縦の道をa〜fで表し，横の道を1〜5で表すものとし，交差点の位置を記号と番号を用いて表します。たとえば，交差点Pは「e4」と表されます。
（整理技能）

⒆　あゆみさんは，4人の歩く道のりの合計がもっとも短くなる交差点を集合場所にしようと考えました。この考えによると，集合場所となりうる交差点はいくつありますか。また，そのときの4人の歩く道のりの合計は何mですか。

⒇　いつきさんは，4人のうち，もっとも長く歩く人の道のりができるだけ短くなる交差点を集合場所にしようと考えました。この考えによると，集合場所となりうる交差点はいくつかあります。それらの交差点の位置をすべて求め，記号と番号で表しなさい。

第4回

実用数学技能検定

3級

1次：計算技能検定

[検定時間]
50分

——— 検定上の注意 ———

1. 自分が受検する階級の問題用紙であるか確認してください。

2. 検定開始の合図があるまで問題用紙を開かないでください。

3. この表紙の右下の欄に，氏名・受検番号を書いてください。

4. 解答用紙の氏名・受検番号・生年月日の記入欄は，もれのないように書いてください。

5. 解答用紙には答えだけを書いてください。

6. 答えが分数になるとき，約分してもっとも簡単な分数にしてください。

7. 答えに根号が含まれるとき，根号の中の数はもっとも小さい整数にしてください。

8. 電卓・ものさし・コンパスを使用することはできません。

9. 携帯電話は電源を切り，検定中に使用しないでください。

10. 問題用紙に乱丁・落丁がありましたら検定監督官に申し出てください。

11. 出題内容に関する事項を当協会の許可なくインターネットなどの不特定多数が閲覧できるような所に掲載することを固く禁じます。

12. 検定終了後，この問題用紙は解答用紙と一緒に回収します。必ず検定監督官に提出してください。

※検定上の注意は，実際の検定問題用紙に書かれている内容をそのまま掲載しています。

氏　名		受検番号	－

公益財団法人 日本数学検定協会

〔3級〕　1次：計算技能検定

1 次の計算をしなさい。

(1) $6+(-15)-(-7)$

(2) $27-18\div(-3)$

(3) $-3^2+(-2)^3$

(4) $\left(-\dfrac{2}{5}\right)\div\dfrac{8}{5}\times\left(-\dfrac{4}{7}\right)$

(5) $\sqrt{48}-\sqrt{75}+\sqrt{12}$

(6) $(\sqrt{2}+5)^2-\dfrac{20}{\sqrt{2}}$

(7) $7(3x-2)-2(5x-6)$

(8) $\dfrac{5x+3}{6}+\dfrac{2x-5}{8}$

(9) $4(x-4y)+3(2x-7y)$

(10) $0.9(3x+2y)-0.5(8x-3y)$

(11) $-40x^3y^3\div 5x^2y$

(12) $\dfrac{5}{3}xy^2\div\dfrac{8}{9}x^3y^2\times\left(-\dfrac{24}{25}x^2y^2\right)$

2　次の式を展開して計算しなさい。

(13)　$(x-4)(2x+5)$

(14)　$(x+6)(x-6)+(x+3)^2$

3　次の式を因数分解しなさい。

(15)　$x^2+5x-24$

(16)　$ax^2-14ax+49a$

4　次の方程式を解きなさい。

(17)　$8x+9=5x-3$

(18)　$\dfrac{1}{2}x-\dfrac{1}{6}=\dfrac{1}{3}x+1$

(19)　$x^2-24=0$

(20)　$3x^2-4x-2=0$

5　次の連立方程式を解きなさい。

(21)　$\begin{cases} y=3x-15 \\ y=-2x+5 \end{cases}$

(22)　$\begin{cases} 5x-2y=-4 \\ 0.4x+0.3y=2.9 \end{cases}$

6　次の問いに答えなさい。

⒀　y は x に反比例し，$x = -5$ のとき $y = 4$ です。y を x を用いて表しなさい。

⒁　右の度数分布表において，階級の幅^{はば}は何 cm ですか。

女子生徒の身長

階級 (cm)		度数 (人)
140 ^{以上}〜 145 ^{未満}		2
145 〜 150		3
150 〜 155		8
155 〜 160		11
160 〜 165		4
合計		28

⒂　等式 $b = \dfrac{3a+1}{2}$ を a について解きなさい。

⒃　右の図で，$\ell /\!/ m$ のとき，$\angle x$ の大きさは何度ですか。

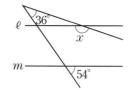

⒄　正十角形の1つの内角の大きさは何度ですか。

⒅　大小2個のさいころを同時に振^ふるとき，出る目の数の積が12となる確率を求めなさい。ただし，さいころの目は1から6まであり，どの目が出ることも同様に確からしいものとします。

⒆　y は x の2乗に比例し，$x = 3$ のとき $y = 18$ です。$x = -2$ のときの y の値^{あたい}を求めなさい。

⒇　右の図のように，3点 A，B，C が円 O の周上にあります。$\angle ABC = 124°$ のとき，$\angle x$ の大きさは何度ですか。

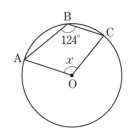

実用数学技能検定

3級

2次：数理技能検定

[検定時間]
60分

────── 検定上の注意 ──────

1. 自分が受検する階級の問題用紙であるか確認してください。
2. 検定開始の合図があるまで問題用紙を開かないでください。
3. この表紙の右下の欄に，氏名・受検番号を書いてください。
4. 解答用紙の氏名・受検番号・生年月日の記入欄は，もれのないように書いてください。
5. 解答用紙には答えだけを書いてください。答えと解き方が指示されている場合は，その指示にしたがってください。
6. 答えが分数になるとき，約分してもっとも簡単な分数にしてください。
7. 答えに根号が含まれるとき，根号の中の数はもっとも小さい整数にしてください。
8. 電卓を使用することができます。
9. 携帯電話は電源を切り，検定中に使用しないでください。
10. 問題用紙に乱丁・落丁がありましたら検定監督官に申し出てください。
11. 出題内容に関する事項を当協会の許可なくインターネットなどの不特定多数が閲覧できるような所に掲載することを固く禁じます。
12. 検定終了後，この問題用紙は解答用紙と一緒に回収します。必ず検定監督官に提出してください。

※検定上の注意は，実際の検定問題用紙に書かれている内容をそのまま掲載しています。

氏　名		受検番号	―

公益財団法人 日本数学検定協会

〔3級〕　　2次：数理技能検定

1 　下の表は，ある町における日曜日から土曜日までの最高気温を，20℃を基準にして，それより高いときはその差を正の数で，低いときはその差を負の数で表したものです。次の問いに答えなさい。

	日	月	火	水	木	金	土
最高気温（℃）	2	A	−2	3	5	3	−1

(1)　月曜日の最高気温が17℃のとき，Aにあてはまる数を求めなさい。

(2)　木曜日の最高気温は，火曜日の最高気温より何℃高いですか。単位をつけて答えなさい。

2 　右の図のような，AB＝4cm，BC＝5cmの長方形ABCDを，辺CDを軸として1回転させます。このときにできる円柱について，次の問いに単位をつけて答えなさい。ただし，円周率はπとします。　　　　　（測定技能）

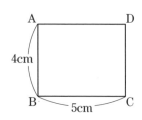

(3)　体積は何 cm³ ですか。

(4)　表面積は何 cm² ですか。

3 下の①～⑤の表について，次の問いに答えなさい。　　　　（表現技能）

①

x	$\cdots$	1	2	3	4	$\cdots$
y	$\cdots$	-2	-1	$-\dfrac{2}{3}$	$-\dfrac{1}{2}$	$\cdots$

②

x	$\cdots$	1	2	3	4	$\cdots$
y	$\cdots$	0	-1	-2	-3	$\cdots$

③

x	$\cdots$	1	2	3	4	$\cdots$
y	$\cdots$	3	4	5	6	$\cdots$

④

x	$\cdots$	1	2	3	4	$\cdots$
y	$\cdots$	1	4	9	16	$\cdots$

⑤

x	$\cdots$	1	2	3	4	$\cdots$
y	$\cdots$	$-\dfrac{1}{3}$	$-\dfrac{2}{3}$	-1	$-\dfrac{4}{3}$	$\cdots$

(5)　上の表の中に，y が x に比例する関係を表したものがあります。その表を，①～⑤の中から1つ選びなさい。また，選んだ表の x と y の関係について，y を x を用いて表しなさい。

(6)　上の表の中に，y が x に反比例する関係を表したものがあります。その表を，①～⑤の中から1つ選びなさい。また，選んだ表の x と y の関係について，y を x を用いて表しなさい。

4 箱の中に，$\boxed{1}$，$\boxed{2}$，$\boxed{3}$，$\boxed{4}$，$\boxed{5}$ の5枚のカードが入っています。この箱の中からカードを取り出すとき，次の問いに答えなさい。

(7)　カードを1枚取り出すとき，取り出したカードに書いてある数が奇数である確率を求めなさい。

(8)　カードを2枚同時に取り出すとき，取り出したカードに書いてある数の和が4以下である確率を求めなさい。

(9)　カードを2枚続けて取り出し，取り出した順に左から並べて2けたの整数をつくるとき，その整数が偶数である確率を求めなさい。

5 　右の図のように，△ABC の辺 AC 上に辺 AC を 3 等分する点をとり，点 A に近いほうから D，E とします。点 D を通り辺 BC に平行な直線と辺 AB の交点を F，直線 FE と辺 BC の延長との交点を G とします。このとき，FE＝GE となることを，三角形の合同を用いて，もっとも簡潔な手順で証明します。次の問いに答えなさい。

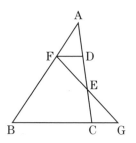

⑽　どの三角形とどの三角形が合同であることを示せばよいですか。

⑾　⑽で答えた 2 つの三角形が合同であることを示すときに必要な条件を，下の①〜⑥の中から 3 つ選びなさい。

　　①　ED＝EC　　　②　DF＝CG　　　③　FE＝GE
　　④　∠EDF＝∠ECG　⑤　∠DFE＝∠CGE　⑥　∠FED＝∠GEC

⑿　⑽で答えた 2 つの三角形が合同であることを示すときに用いる合同条件を，下の①〜⑥の中から 1 つ選びなさい。

　　①　3 組の辺がそれぞれ等しい。
　　②　2 組の辺とその間の角がそれぞれ等しい。
　　③　1 組の辺とその両端の角がそれぞれ等しい。
　　④　3 組の辺の比がすべて等しい。
　　⑤　2 組の辺の比とその間の角がそれぞれ等しい。
　　⑥　2 組の角がそれぞれ等しい。

6 　右の図のように，1辺が 10cm の正方形の縦と横をそれぞれ x cm 短くして小さい正方形をつくります。次の問いに答えなさい。ただし，$0<x<10$ とします。

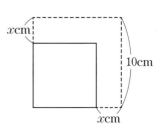

(13)　小さい正方形の面積は何 cm^2 ですか。x を用いて表し，展開した形で答えなさい。　　　　　　　　　　　（表現技能）

(14)　小さい正方形の面積がもとの正方形の面積の $\dfrac{1}{2}$ 倍であるとき，x の値を求めなさい。(13)から2次方程式をつくり，それを解いて求めなさい。この問題は，計算の途中の式と答えを書きなさい。

7 　右の図のように，関数 $y=\dfrac{1}{2}x^2$ のグラフと直線 ℓ が2点 A，B で交わっています。点 A，B の x 座標がそれぞれ -2，4 であるとき，次の問いに答えなさい。

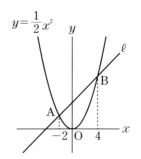

(15)　関数 $y=\dfrac{1}{2}x^2$ について，x の値が -2 から 4 まで増加するときの変化の割合を求めなさい。

(16)　直線 ℓ の式を求め，y を x を用いて表しなさい。　（表現技能）

8 次の問いに答えなさい。

(17) 図1のように，△ABC の辺 AB，AC 上に DE∥BC となるような点 D，E をそれぞれとります。AD＝8cm，DB＝6cm，EC＝4cm のとき，AE の長さは何 cm ですか。単位をつけて答えなさい。　（測定技能）

図1

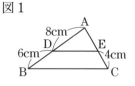

(18) 図2の △FGH について，次の2つの条件を満たすように，点 P を辺 FG 上に，点 Q を辺 FH 上にとります。

図2

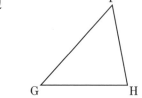

・PQ∥GH
・△FPQ と △FGH の面積比は 1：4

線分 PQ を，下の〈注〉にしたがって作図しなさい。作図をする代わりに，作図の方法を言葉で説明してもかまいません。　（作図技能）

〈注〉　ⓐ　コンパスとものさしを使って作図してください。ただし，ものさしは直線を引くことだけに用いてください。
　　　ⓑ　コンパスの線は，はっきりと見えるようにかいてください。コンパスの針をさした位置に，・の印をつけてください。
　　　ⓒ　作図に用いた線は消さないで残しておき，線を引いた順に①，②，③，…の番号を書いてください。

9　次の問いに答えなさい。　　　　　　　　　　　　　　　（整理技能）

(19)　正の整数 a, b, c について

$$a + b + c = 10$$

を成り立たせる a, b, c の値の組のうち，積 $a \times b \times c$ がもっとも大きくなるものを求めなさい。ただし，a, b, c に同じ数があってもかまいません。答えは何通りかありますが，そのうちの 1 つを答えなさい。

(20)　正の整数 d, e, f, g について

$$d + e + f + g = 11$$

を成り立たせる d, e, f, g の値の組のうち，積 $d \times e \times f \times g$ がもっとも大きくなるものを求めなさい。ただし，d, e, f, g に同じ数があってもかまいません。答えは何通りかありますが，そのうちの 1 つを答えなさい。

◆監修者紹介◆

公益財団法人 日本数学検定協会

公益財団法人日本数学検定協会は，全国レベルの実力・絶対評価システムである実用数学技能検定を実施する団体です。

第1回を実施した1992年には5,500人だった受検者数は2006年以降は年間30万人を超え，数学検定を実施する学校や教育機関も18,000団体を突破しました。

数学検定2級以上を取得すると文部科学省が実施する「高等学校卒業程度認定試験」の「数学」科目が試験免除されます。このほか，大学入学試験での優遇措置や高等学校等の単位認定等に組み入れる学校が増加しています。また，日本国内はもちろん，フィリピン，カンボジア，タイなどでも実施され，海外でも高い評価を得ています。

いまや数学検定は，数学・算数に関する検定のスタンダードとして，進学・就職に必須の検定となっています。

◆デザイン：星 光信（Xin-Design）
◆編集協力：鈴木伊都子（SYNAPS），田中優子
◆イラスト：une corn ウネハラ ユウジ
◆DTP：(株) 明昌堂
　　　　データ管理コード：24-2031-2141（2022）

この本は，下記のように環境に配慮して製作しました。
・製版フィルムを使用しないCTP方式で印刷しました。
・環境に配慮した紙を使用しています。

読者アンケートのお願い

本書に関するアンケートにご協力ください。下のコードかURLからアクセスし，以下のアンケート番号を入力してご回答ください。ご協力いただいた方の中から抽選で「図書カードネットギフト」を贈呈いたします。

URL：https://ieben.gakken.jp/qr/suuken/
アンケート番号：305738

Gakken

公益財団法人 日本数学検定協会 監修

受かる！数学検定［過去問題集］

解答と解説

改訂版　**3級**

別冊

（本冊と軽くのりづけされていますので
はずしてお使いください。）

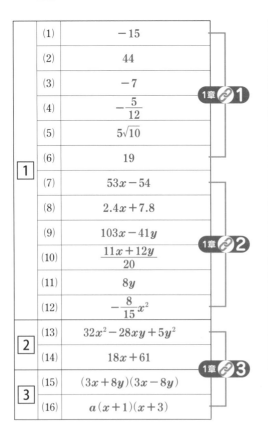

1	(1)	-15
	(2)	44
	(3)	-7
	(4)	$-\dfrac{5}{12}$
	(5)	$5\sqrt{10}$
	(6)	19
	(7)	$53x-54$
	(8)	$2.4x+7.8$
	(9)	$103x-41y$
	(10)	$\dfrac{11x+12y}{20}$
	(11)	$8y$
	(12)	$-\dfrac{8}{15}x^2$
2	(13)	$32x^2-28xy+5y^2$
	(14)	$18x+61$
3	(15)	$(3x+8y)(3x-8y)$
	(16)	$a(x+1)(x+3)$

1章🔗1
1章🔗2
1章🔗3

4	(17)	$x=$ 7
	(18)	$x=$ 2
	(19)	$x=$ $-3,\ 8$
	(20)	$x=$ $-1\pm\sqrt{6}$
5	(21)	$x=5$, $y=3$
	(22)	$x=2$, $y=4$
6	(23)	$y=10$
	(24)	6
	(25)	$a=\dfrac{5b+7}{6}$
	(26)	$\angle x=52$ 度
	(27)	140 度
	(28)	$\dfrac{1}{9}$
	(29)	$y=-\dfrac{5}{8}x^2$
	(30)	$\angle x=124$ 度

1章🔗4
1章🔗5
1章🔗8
1章🔗2
1章🔗6
1章🔗8
1章🔗5
1章🔗7

◇◆◇3級1次（計算技能検定）◇◆◇ **解説** ◇◆◇

1 (1)　$-(\ \ )$のかっこをはずすと，かっこの中の数の符号が変わる。
$$(-2)-(+4)+(-9)$$
$$=-2-4-9=-(2+4+9)=-15$$

(2)　除法→加法の順に**計算する**。
$$48+24\div(-6)=48+(-4)$$
先に計算
$$=48-4=44$$

(3)　累乗→加法の順に**計算する**。
$$(-3)^2+(-4^2)\ \blacktriangleleft累乗$$
$$=9+(-16)\ \ \ \ \blacktriangleleft加法$$
$$=9-16=-7$$

> **ミス注意!!** 指数の位置に注意！
> $(-3)^2=(-3)\times(-3)=+(3\times3)=9$
> $-4^2=-(4\times4)=-16$

(4)　除法を乗法に直して計算する。
$$\frac{5}{6}-\frac{2}{3}\div\frac{8}{15}=\frac{5}{6}-\frac{2}{3}\times\frac{15}{8}=\frac{5}{6}-\frac{5}{4}$$
$$=\frac{10}{12}-\frac{15}{12}=-\frac{5}{12}$$

(5)　$\sqrt{a^2b}=a\sqrt{b}$ を利用して，根号の中をできるだけ小さい整数に変形する。
$$\sqrt{40}+\sqrt{90}=\sqrt{2^2\times2\times5}+\sqrt{3^2\times2\times5}$$
$$=2\sqrt{10}+3\sqrt{10}=5\sqrt{10}$$

(6) 分母の有理化 $\dfrac{a}{\sqrt{b}}=\dfrac{a\times\sqrt{b}}{\sqrt{b}\times\sqrt{b}}=\dfrac{a\sqrt{b}}{b}$,

乗法公式 $(x+a)^2=x^2+2ax+a^2$ を利用する。

$$(\sqrt{7}+2\sqrt{3})^2-\dfrac{12\sqrt{7}}{\sqrt{3}}$$
$$=7+4\sqrt{21}+12-\dfrac{12\sqrt{7}\times\sqrt{3}}{\sqrt{3}\times\sqrt{3}}$$
$$=19+4\sqrt{21}-\dfrac{12\sqrt{21}}{3}$$
$$=19+4\sqrt{21}-4\sqrt{21}=19$$

(7) 分配法則を利用して，かっこをはずす。

$$4(8x-3)+7(3x-6)$$
$$=4\times8x+4\times(-3)+7\times3x+7\times(-6)$$
$$=32x-12+21x-42=53x-54$$

(8) $0.6(5x+9)-0.3(2x-8)$
$$=3x+5.4-0.6x+2.4=2.4x+7.8$$

(9) $9(7x-4y)+5(8x-y)$
$$=63x-36y+40x-5y=103x-41y$$

(10) 分母の 4 と 5 の最小公倍数 20 を分母として，通分する。

$$\dfrac{3x+4y}{4}-\dfrac{x+2y}{5}=\dfrac{5(3x+4y)-4(x+2y)}{20}$$
$$=\dfrac{15x+20y-4x-8y}{20}=\dfrac{11x+12y}{20}$$

(11) 分数の形で表し，数どうし，文字どうしをそれぞれ約分する。

$$24xy^3\div3xy^2=\dfrac{24xy^3}{3xy^2}$$
$$=\dfrac{24\times x\times y\times y\times y}{3\times x\times y\times y}=8y$$

(12) 乗法だけの式に直して計算する。

$$-\dfrac{7}{9}x^3y\div\left(\dfrac{5}{6}x^2y\right)^2\times\dfrac{10}{21}x^3y\quad\blacktriangleleft累乗$$
$$=-\dfrac{7}{9}x^3y\div\dfrac{25}{36}x^4y^2\times\dfrac{10}{21}x^3y\quad\left.\begin{array}{}\\\end{array}\right\}\text{乗法に直す}$$
$$=-\dfrac{7}{9}x^3y\times\dfrac{36}{25x^4y^2}\times\dfrac{10}{21}x^3y$$
$$=-\dfrac{7x^3y\times36\times10x^3y}{9\times25x^4y^2\times21}=-\dfrac{8}{15}x^2$$

[2] (13) 展開の公式 $(a+b)(c+d)$
$=ac+ad+bc+bd$ を利用する。

$$(4x-y)(8x-5y)$$
$$=32x^2-20xy-8xy+5y^2$$
$$=32x^2-28xy+5y^2$$

(14) 乗法公式 $(x+a)^2=x^2+2ax+a^2$,
$(x+a)(x+b)=x^2+(a+b)x+ab$ を利用して展開し，同類項をまとめる。

$$(x+7)^2-(x+2)(x-6)$$
$$=x^2+14x+49-(x^2-4x-12)$$
$$=x^2+14x+49-x^2+4x+12=18x+61$$

[3] (15) $x^2-a^2=(x+a)(x-a)$ を利用する。
$$9x^2-64y^2=(3x)^2-(8y)^2$$
$$=(3x+8y)(3x-8y)$$

(16) まず，共通因数をくくり出し，さらに，$x^2+(a+b)x+ab=(x+a)(x+b)$ を利用して因数分解する。

$$ax^2+4ax+3a$$
$$=a\times x^2+4\times a\times x+3\times a$$
$$=a(x^2+4x+3)=a(x+1)(x+3)$$

[4] (17) 文字の項を左辺に，数の項を右辺に移項して，$ax=b$ の形に整理する。

$$-13x+18=-12x+11$$
$$-13x+12x=11-18,\ -x=-7,\ x=7$$

(18) 両辺に 10 をかける。
$$(0.9x+0.5)\times10=(1.1x+0.1)\times10$$
$$9x+5=11x+1,\ -2x=-4,\ x=2$$

(19) 左辺を因数分解して，$(x-a)(x-b)=0\Rightarrow$
$x=a,\ x=b$ を利用する。
$$(x+3)(x-8)=0,\ x=-3,\ x=8$$

(20) 2 次方程式の解の公式を利用する。

$$x=\dfrac{-2\pm\sqrt{2^2-4\times1\times(-5)}}{2\times1}$$
$$=\dfrac{-2\pm\sqrt{4+20}}{2}=\dfrac{-2\pm\sqrt{24}}{2}$$
$$=\dfrac{-2\pm2\sqrt{6}}{2}=-1\pm\sqrt{6}$$

5 (21) 上の式を①，下の式を②とすると，

①×5＋②×2

$$10x-15y=5$$
$$+)-10x+14y=-8$$
$$-y=-3$$
$$y=3$$

①に $y=3$ を代入して，$x=5$

(22) **係数に小数や分数を含むときは，まず，係数を整数に直す。**

上の式を①，下の式を②とすると，

①×10　$2x+y=8$ ……①′

②×12　$4x-3y=-4$ ……②′

①′×2－②′ より，$y=4$

①′ に $y=4$ を代入して，$x=2$

6 (23) **y が x に反比例するならば，式は $y=\dfrac{a}{x}$ と表せる。**

$y=\dfrac{a}{x}$ に $x=4$，$y=-5$ を代入すると，

$-5=\dfrac{a}{4}$，$a=-20$

よって，式は，$y=-\dfrac{20}{x}$

この式に $x=-2$ を代入して，$y=10$

(24) **データの範囲は，データの最大値と最小値の差である。**

最大値は 8，最小値は 2 だから，

$8-2=6$

(25) a を含む項を左辺に，その他の項を右辺に移項すると，

$6a=7+5b$，$a=\dfrac{5b+7}{6}$

(26) 次の図で，$\ell /\!\!/ m$ より同位角は等しいから，$\angle a=108°$

対頂角は等しいから，$\angle b=56°$

三角形の内角と外角の関係より，

$\angle b+\angle x=\angle a$

よって，

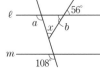

$56°+\angle x=108°$，$\angle x=108°-56°=52°$

---

(27) **正 n 角形の1つの内角の大きさは，$\dfrac{180°\times(n-2)}{n}$** $n=9$ を代入して，

$\dfrac{180°\times(9-2)}{9}=140°$

(28) 大小2個のさいころの目の出方を表に表すと，右のようになる。目の出方は，全部で 36 通り。

大\小	1	2	3	4	5	6
1						
2						○
3				○		
4			○			
5						
6		○				

このうち，出る目の数の積が12となるのは，○印のついた4通り。

よって，求める確率は，$\dfrac{4}{36}=\dfrac{1}{9}$

(29) **y が x の2乗に比例するならば，式は $y=ax^2$ と表せる。**

$y=ax^2$ に $x=4$，$y=-10$ を代入すると，$-10=a\times4^2$，$-10=16a$，$a=-\dfrac{5}{8}$

よって，式は，$y=-\dfrac{5}{8}x^2$

(30) 円周角の定理より，Bを含まない $\overset{\frown}{AC}$ に対する円周角は118°だから，中心角は，

$2\times118°=236°$

よって，$\angle x=360°-236°=124°$

1	(1)	-5	2章 ①1
	(2)	15　　段	
2	(3)	$360\,\mathrm{cm}^2$	2章 ①6
	(4)	$400\,\mathrm{cm}^3$	
3	(5)	表 ③　　式 $y=-\dfrac{3}{2}x$	2章 ①3
	(6)	ア $\dfrac{4}{3}$ 　 イ 4 　 ウ -4 　 エ -2 　 オ $\dfrac{4}{3}$	
4	(7)	$\dfrac{1}{8}$	2章 ①7
	(8)	$\dfrac{3}{8}$	
	(9)	$\dfrac{7}{8}$	
5	(10)	$\triangle$ DEC と $\triangle$ AFD	2章 ①5
	(11)	②，③，⑤	
	(12)	②	

6	(13)	x^2-4x 　　　cm^2	2章 ①2
	(14)	(13)より　$(x^2-4x)\times2=192$　$2x^2-8x-192=0$　$x^2-4x-96=0$　$(x+8)(x-12)=0$　$x=-8,\,12$　$x>4$より　$x=12$　（答え）　12cm	
7	(15)	$a=\dfrac{3}{2}$	2章 ①3
	(16)	$\left(-3\,,\,\dfrac{27}{2}\right)$	
	(17)	$x=\pm\sqrt{10}$	
8	(18)	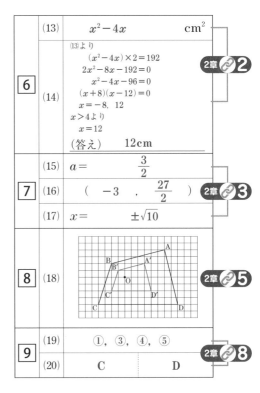	2章 ①5
9	(19)	①，③，④，⑤	2章 ①8
	(20)	C　　　　　D	

◇◆◇3級2次（数理技能検定）◇◆◇ 解説 ◇◆◇

1 じゃんけんをしたあとの位置は

　$(+3)\times$（勝った回数）$+(-2)\times$（負けた回数）

で表される。

(1) $(+3)\times1+(-2)\times4=3-8=-5$

(2) のぞみさんの位置は

　$(+3)\times2+(-2)\times5=6-10=-4$

ゆうなさんは，5回勝ち，2回負けたから，ゆうなさんの位置は

　$(+3)\times5+(-2)\times2=15-4=11$

よって，のぞみさんは，ゆうなさんより

$11-(-4)=15$（段）下にいる。

2 (3)　表面積は展開図にして考える。

四角錐は，4つの三角形と1つの四角形で囲まれている。

$\underbrace{\left(\dfrac{1}{2}\times10\times13\right)\times4}_{\text{側面積}}$

$+\underbrace{10\times10}_{\text{底面積}}$

$=360\,(\mathrm{cm}^2)$

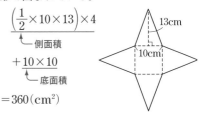

memo 角錐の表面積

（表面積）＝（側面積）＋（底面積）

(4) $\dfrac{1}{3} \times 10 \times 10 \times 12 = 400\,(\mathrm{cm}^3)$

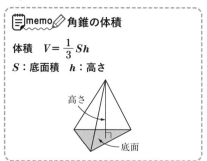

📝memo✏️ **角錐の体積**

体積 $V = \dfrac{1}{3}Sh$

S：底面積　h：高さ

高さ

底面

---

3 (5) y が x に比例するとき，x が2倍，3倍，…になると，y も2倍，3倍，…になる。

表の $x = 2$, 4, 6のときの y に注目すると，③とわかる。

また，①から④までの x と y の関係を式に表すと，以下のようになる。

① $y = \dfrac{3}{2}x + 2$ 　　② $y = x^2$

③ $y = -\dfrac{3}{2}x$ 　　④ $y = -x + 1$

比例の関係を表す式は，$y = ax$ の形で表されるから，y が x に比例する関係を表した表は③。

(6) $x = -4$, $y = 2$ を反比例の式 $y = \dfrac{a}{x}$ に代入して，

$2 = \dfrac{a}{-4}$, $a = -8$

式は $y = -\dfrac{8}{x}$ と表せるから，

ア　$x = -6$ を代入して，

$y = -\dfrac{8}{-6} = \dfrac{4}{3}$

イ　$x = -2$ を代入して，

$y = -\dfrac{8}{-2} = 4$

ウ　$x = 2$ を代入して，

$y = -\dfrac{8}{2} = -4$

エ　$x = 4$ を代入して，

$y = -\dfrac{8}{4} = -2$

オ　$x = 6$ を代入して，

$y = -\dfrac{8}{6} = -\dfrac{4}{3}$

4 樹形図をかくと，3枚の硬貨の出方は以下のように，全部で8通りある。

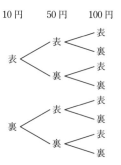

(7) 3枚とも表となるのは1通りだから，確率は $\dfrac{1}{8}$

(8) 1枚が表，2枚が裏となるのは3通りだから，確率は $\dfrac{3}{8}$

(9) （少なくとも1枚が表となる確率）＝ 1－（すべて裏となる確率）を利用する。

すべて裏となるのは1通りだから，少なくとも1枚が表となる確率は

$1 - \dfrac{1}{8} = \dfrac{7}{8}$

5 (10) DE と AF を辺にもつ2つの三角形 △DEC と △AFD に着目する。

(11) △DEC と △AFD において，

仮定より，EC = FD（②）

正方形の4つの辺はすべて等しいから，CD = DA（③）

正方形の4つの角はすべて等しく90°であるから，∠ECD = ∠FDA（⑤）

(12) (11)より，△DEC と △AFD において，
2組の辺とその間の角がそれぞれ等しい
ことがいえる。

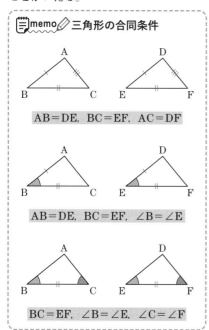

memo 三角形の合同条件

AB＝DE，BC＝EF，AC＝DF

AB＝DE，BC＝EF，∠B＝∠E

BC＝EF，∠B＝∠E，∠C＝∠F

memo 直方体の体積の公式

体積　$V＝abc$
a：縦
b：横
c：高さ

7 (15) 放物線 $y＝ax^2$ が点 (m, n) を通ると
き，$n＝am^2$ が成り立つ。

$y＝ax^2$ に $x＝2$，$y＝6$ を代入して，

$6＝a×2^2$，$4a＝6$，$a＝\dfrac{3}{2}$

(16) $y＝\dfrac{3}{2}x^2$ に $x＝-3$ を代入して，

$y＝\dfrac{3}{2}×(-3)^2＝\dfrac{27}{2}$

(17) $y＝\dfrac{3}{2}x^2$ に $y＝15$ を代入して，

$15＝\dfrac{3}{2}x^2$，$x^2＝10$，$x＝±\sqrt{10}$

mis ミス注意!! $x＝\sqrt{10}$ だけではダメ

y の値が0以
外のとき，y の
値に対応する x
の値は正負の2
つある。

$a>0$

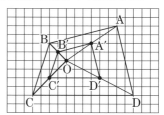

$a<0$ の場合も同様である。

6 (13) 右の図のよう
に，底面の縦の
長さは，長方形
の縦の長さから
4cm ひいて，

$x-4$（cm）

底面の横の長さは，長方形の横の長さ
$(x+4)$cm から 4cm ひいて

$(x+4)-4＝x$（cm）

よって，直方体の容器の底面積は，

$(x-4)x＝x^2-4x$（cm^2）

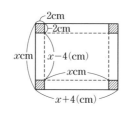

(14) （容器の容積）＝（底面積）×（高さ）

に代入して求める。$x>4$ であることに
注意する。

8 (18) 四角形 A′B′C′D′ と四角形 ABCD の
相似比が 1：2 なので，点 A′，B′，C′，D′
は，相似の中心 O と A，B，C，D それ
ぞれを結んだ線分の中点となる。

9 (19) 花粉が使える品種の実がなるためには，他の花粉が使える品種を一緒に栽培する必要がある。

つまり，花粉が使える品種を2つ以上一緒に栽培すれば，栽培したすべての品種で実がなることになる。

花粉が使える品種を○で囲むと，

① Ⓐ，Ⓒ，Ⓔ

花粉が使える品種が3つあるので，すべての品種で実がなる。

② Ⓐ，F，G

Aの花粉でFとGの実はなるが，Aの実はならない。

③ Ⓑ，Ⓓ，G

花粉が使える品種が2つあるので，すべての品種で実がなる。

④ Ⓒ，Ⓓ，Ⓔ，H

花粉が使える品種が3つあるので，すべての品種で実がなる。

⑤ Ⓒ，Ⓔ，F，G

花粉が使える品種が2つあるので，すべての品種で実がなる。

⑥ Ⓔ，F，G，H

Eの花粉でFとGとHの実はなるが，Eの実はならない。

よって，すべての品種の実がなる組み合わせは，花粉が使える品種が2つ以上ある①，③，④，⑤。

(20) 10月中旬から11月中旬までの間に収穫できる品種は，次の図のC，D，E，G，H。このうち，E，Hを栽培することは決まっている。

品種	花粉が使える	10月		11月	
		中旬	下旬	上旬	中旬
C	○	▓			
D	○			▓	
E	○			█	█
G	×	▓			
H	×	█	█		

EとHの組み合わせでは，花粉が使える品種がEだけであるため，Hの実はなるが，Eの実はならない。

E以外に花粉が使える品種は，CとDだから，C，E，Hの3品種と，D，E，Hの3品種を栽培した場合を考えると，

・Ⓒ，Ⓔ，H

・Ⓓ，Ⓔ，H

どちらも花粉が使える品種が2つあるから，すべての品種で実がなる。

したがって，E，Hと一緒に栽培する品種は，CまたはDである。

📝memo✏️ **収穫時期と，花粉が使える品種かどうかを考えればよい。**

EとHの組み合わせで「10月中旬から11月中旬まで途切れることなく収穫できる」という条件は満たしているので，一緒に栽培する品種の収穫時期については10月中旬から11月中旬までの間であればよい。あとは，花粉が使える品種かどうかを考えて選べばよい。

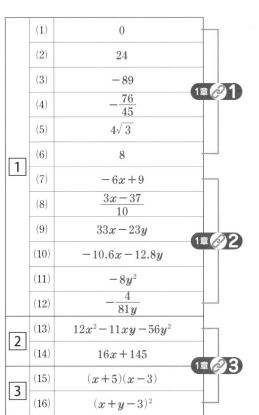

1

(1)	0	
(2)	24	
(3)	-89	1章🔗①
(4)	$-\dfrac{76}{45}$	
(5)	$4\sqrt{3}$	
(6)	8	
(7)	$-6x+9$	
(8)	$\dfrac{3x-37}{10}$	
(9)	$33x-23y$	1章🔗②
(10)	$-10.6x-12.8y$	
(11)	$-8y^2$	
(12)	$-\dfrac{4}{81y}$	

2

(13)	$12x^2-11xy-56y^2$	
(14)	$16x+145$	1章🔗③

3

(15)	$(x+5)(x-3)$	
(16)	$(x+y-3)^2$	

4

(17)	$x=4$	
(18)	$x=5$	
(19)	$x=\dfrac{\pm\sqrt{19}}{2}$	1章🔗④
(20)	$x=\dfrac{3\pm\sqrt{3}}{3}$	

5

(21)	$x=4$, $y=-2$	
(22)	$x=18$, $y=-18$	

6

(23)	$y=-\dfrac{45}{x}$	1章🔗⑤
(24)	7	1章🔗⑧
(25)	$b=\dfrac{5a+4}{11}$	1章🔗②
(26)	$\angle x=77$ 度	1章🔗⑥
(27)	40 度	
(28)	$\dfrac{5}{36}$	1章🔗⑧
(29)	$y=32$	1章🔗⑤
(30)	$\angle x=40$ 度	1章🔗⑦

◇◆◇3級1次（計算技能検定）◇◆◇ **解説** ◇◆◇

1 (1)　まず，符号に注意してかっこをはずす。$+(-\blacksquare)=-\blacksquare$，$-(-\blacksquare)=+\blacksquare$

$$-6-(-13)+(-7)$$
$$=-6+13-7=-13+13=0$$

(2)　除法→加法の順に計算する。
$$17+\underbrace{(-28)\div(-4)}_{\text{先に計算}}$$
$$=17+7=24$$

(3)　累乗→減法の順に計算する。
$$\underbrace{(-2)^3}-\underbrace{(-9)^2}$$
$$=-8-81=-89$$

(4)　除法を乗法に直して計算する。
$$-\frac{9}{4}\times\frac{4}{5}+\frac{1}{6}\div\frac{3}{2}$$
$$=-\frac{9}{4}\times\frac{4}{5}+\frac{1}{6}\times\frac{2}{3}$$
$$=-\frac{9}{5}+\frac{1}{9}=-\frac{81}{45}+\frac{5}{45}=-\frac{76}{45}$$

(5)　$\sqrt{75}-\sqrt{147}+\sqrt{108}$
$$=\sqrt{3\times5^2}-\sqrt{3\times7^2}+\sqrt{3\times6^2}$$
$$=5\sqrt{3}-7\sqrt{3}+6\sqrt{3}=4\sqrt{3}$$

> 📓memo🖊 根号の中をできるだけ小さい整数に変形する。
> $$\sqrt{a^2b}=a\sqrt{b}$$

(6) 分母を有理化する。

$$\frac{a}{\sqrt{b}}=\frac{a\times\sqrt{b}}{\sqrt{b}\times\sqrt{b}}=\frac{a\sqrt{b}}{b}$$

$$\frac{2}{\sqrt{7}}(4\sqrt{7}+14)-4\sqrt{7}$$

$$=8+\frac{28}{\sqrt{7}}-4\sqrt{7}=8+\frac{28\times\sqrt{7}}{\sqrt{7}\times\sqrt{7}}-4\sqrt{7}$$

$$=8+\frac{28\sqrt{7}}{7}-4\sqrt{7}=8+4\sqrt{7}-4\sqrt{7}=8$$

(7) 分配法則を利用してかっこをはずし，文字の項と数の項をまとめる。

$$15(2x-3)-9(4x-6)$$

$$=15\times2x+15\times(-3)-9\times4x-9\times(-6)$$

$$=30x-45-36x+54=-6x+9$$

(8) 分母の 2 と 5 の最小公倍数 10 を分母として，通分する。

$$\frac{3x-7}{2}-\frac{6x+1}{5}=\frac{5(3x-7)-2(6x+1)}{10}$$

$$=\frac{15x-35-12x-2}{10}=\frac{3x-37}{10}$$

(9) $9(2x-7y)+5(3x+8y)$

$$=18x-63y+15x+40y=33x-23y$$

(10) $0.2(3x+8y)-1.6(7x+9y)$

$$=0.6x+1.6y-11.2x-14.4y$$

$$=-10.6x-12.8y$$

(11) 分数の形で表し，数どうし，文字どうしをそれぞれ約分する。

$$56x^3y^3\div(-7x^3y)=-\frac{56x^3y^3}{7x^3y}$$

$$=-\frac{56\times x\times x\times x\times y\times y\times y}{7\times x\times x\times x\times y}=-8y^2$$

(12) 累乗の計算⇒乗法だけの式に直して計算する。

$$\left(-\frac{1}{6}x^2\right)^2\div\left(\frac{3}{10}x^3y\right)^2\times\left(-\frac{4}{25}x^2y\right)\blacktriangleleft 累乗$$

$$=\frac{1}{36}x^4\div\frac{9}{100}x^6y^2\times\left(-\frac{4}{25}x^2y\right)\quad\begin{array}{c}乗法に\\直す\end{array}$$

$$=\frac{1}{36}x^4\times\frac{100}{9x^6y^2}\times\left(-\frac{4}{25}x^2y\right)$$

$$=-\frac{x^4\times100\times4x^2y}{36\times9x^6y^2\times25}=-\frac{4}{81y}$$

[2] (13) $(4x+7y)(3x-8y)$

$$=12x^2-32xy+21xy-56y^2$$

$$=12x^2-11xy-56y^2$$

(14) 乗法公式 $(x+a)^2=x^2+2ax+a^2$，$(x+a)(x-a)=x^2-a^2$ を利用して展開し，同類項をまとめる。

$$(x+8)^2-(x+9)(x-9)$$

$$=x^2+16x+64-(x^2-81)$$

$$=x^2+16x+64-x^2+81=16x+145$$

[3] (15) $x^2+(a+b)x+ab=(x+a)(x+b)$ を利用する。

$$x^2+2x-15=(x+5)(x-3)$$

(16) $x+y$ を A とおいて，$x^2-2ax+a^2=(x-a)^2$ を利用する。

$$(x+y)^2-6(x+y)+9$$

$$=A^2-6A+9=(A-3)^2=\{(x+y)-3\}^2$$

$$=(x+y-3)^2$$

[4] (17) 文字の項を左辺に，数の項を右辺に移項して，$ax=b$ の形に整理する。

$$8x-9=2x+15,\quad 6x=24,\quad x=4$$

(18) 分母の 2 と 3 の最小公倍数 6 を両辺にかけると，

$$\frac{x-3}{2}\times6=\frac{-2x+13}{3}\times6$$

$$3(x-3)=2(-2x+13)$$

$$3x-9=-4x+26$$

$$7x=35$$

$$x=5$$

(19) $4x^2=19,\quad x^2=\frac{19}{4},$

$$x=\pm\frac{\sqrt{19}}{\sqrt{4}}=\pm\frac{\sqrt{19}}{2}$$

(20) 2 次方程式の解の公式を利用すると，

$$x=\frac{-(-6)\pm\sqrt{(-6)^2-4\times3\times2}}{2\times3}$$

$$=\frac{6\pm\sqrt{36-24}}{6}=\frac{6\pm\sqrt{12}}{6}$$

$$=\frac{6\pm2\sqrt{3}}{6}=\frac{3\pm\sqrt{3}}{3}$$

📝memo✏️ **2次方程式の解の公式**

2次方程式 $ax^2+bx+c=0$ の解は

$$x=\frac{-b\pm\sqrt{b^2-4ac}}{2a}$$

⑤ ⑵ 上の式を①，下の式を②とすると，

①×2＋②

$$2x-8y=24$$
$$\underline{+)-2x+5y=-18}$$
$$-3y=6$$
$$y=-2$$

①に $y=-2$ を代入して，$x=4$

⑵ 上の式に4，下の式に12をかけて，**係数を整数に直す。**

上の式を①，下の式を②とすると，

①×4　　$x+2y=-18$ ……①′

②×12　　$9x+8y=18$ ……②′

①′×4−②′ より，$x=18$

①′ に $x=18$ を代入して，$y=-18$

⑥ ⑵ **y が x に反比例するならば，式は** $y=\dfrac{a}{x}$

$y=\dfrac{a}{x}$ に $x=-5$，$y=9$ を代入すると，

$9=\dfrac{a}{-5}$，$a=-45$

よって，式は，$y=-\dfrac{45}{x}$

⑵ **データの範囲は，データの最大値と最小値の差である。**

最大値は9，最小値は2だから，

$9-2=7$

⑵ b を含む項を左辺に，その他の項を右辺に移項すると，

$-11b=-4-5a$，$b=\dfrac{-4-5a}{-11}=\dfrac{5a+4}{11}$

⑵ 右の図のように，直線 ℓ，m に平行な補助線 p をひく。

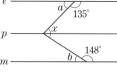

$\ell\parallel p$，$m\parallel p$ で，錯角は等しいから，

$\angle x=\angle a+\angle b$

$\angle a=180°-135°=45°$

$\angle b=180°-148°=32°$

よって，$\angle x=\angle a+\angle b=45°+32°=77°$

⑵ **多角形の外角の和は** $360°$ だから，

$360°\div9=40°$

⑵ 大小2個のさいころの目の出方を表に表すと，右のようになる。目の出方は，全部で36通り。

大＼小	1	2	3	4	5	6
1						
2						○
3					○	
4				○		
5			○			
6		○				

このうち，出る目の数の和が8となるのは，○印のついた5通り。

よって，求める確率は，$\dfrac{5}{36}$

⑵ **y が x の2乗に比例するならば，式は $y=ax^2$**

$y=ax^2$ に $x=-10$，$y=50$ を代入すると，

$50=a\times(-10)^2$，$50=100a$，$a=\dfrac{1}{2}$

よって，式は，$y=\dfrac{1}{2}x^2$

$y=\dfrac{1}{2}x^2$ に $x=8$ を代入すると，

$y=\dfrac{1}{2}\times8^2=32$

⑵ 半円の弧に対する円周角は $90°$ だから，

$\angle BCD=90°$

よって，

$\angle ACD=90°-50°$
$\;\;\;\;\;\;\;\;\;\;=40°$

円周角の定理より，

$\angle x=\angle ACD=40°$

1	(1)	$-6,\ -4,\ 4,\ 6$
	(2)	$0,\ 1,\ 2,\ 3$
2	(3)	$48\pi\,\text{cm}^2$
	(4)	$45\pi\,\text{cm}^3$
3	(5)	0.125
	(6)	0.375
4	(7)	$x+y=9$
	(8)	$25x+30y=250$
	(9)	あめ 4 個 ガム 5 個
5	(10)	$y=\dfrac{1}{2}x-\dfrac{3}{2}$
	(11)	$\left(\ 0\ ,\ -\dfrac{3}{2}\ \right)$
	(12)	$(\ 3\ ,\ 0\ )$

2章 🔗①
2章 🔗⑥
2章 🔗⑦
2章 🔗②
2章 🔗③

6	(13)	$4n^2+8n+4$
	(14)	大きいほうの偶数を2乗した数から，小さいほうの偶数を2乗した数をひくと $(2n+2)^2-(2n)^2$ $=4n^2+8n+4-4n^2$ $=8n+4$ $=4(2n+1)$ $2n+1$ は整数だから，$4(2n+1)$ は4の倍数である。よって，連続する2つの偶数について，大きいほうの偶数を2乗した数から，小さいほうの偶数を2乗した数をひいた差は4の倍数である。
7	(15)	$a=\qquad 1$
	(16)	$(\ 3\ ,\ 9\ )$
8	(17)	$2\sqrt{13}\,\text{cm}$
	(18)	$\triangle$ADC は $\angle$ADC$=90°$の直角三角形だから，三平方の定理より， $6^2+\text{DC}^2=7^2$ $\text{DC}^2=13$ DC>0 より DC$=\sqrt{13}$ （答え）$\sqrt{13}\,\text{cm}$
9	(19)	113
	(20)	510

2章 🔗①
2章 🔗③
2章 🔗⑥
2章 🔗⑧

◇◆◇3級2次（数理技能検定）◆◇ **解説** ◇◆◇

1 (1) Aグループに入るのは，-5 と 5

Bグループに入るのは，数直線上で，0 からの距離が 3 より大きい数で，-5 と 5 以外の数だから，$-6,\ -4,\ 4,\ 6$

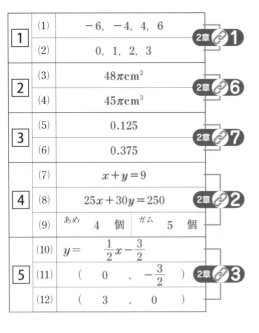

絶対値が3より大きい　　絶対値が3より大きい

> 📝memo✏️ **絶対値**
> 数直線上で，0 からある数までの距離。
> -3 と 3 の絶対値は 3

(2) ③に進んだのは，$-3,\ -2,\ -1,\ 0,\ 1,\ 2,\ 3$

-2 をかけると結果が正の数になるのは，負の数だから，Cグループに入るのは，$-3,\ -2,\ -1$

よって，Dグループに入るのは，$0,\ 1,\ 2,\ 3$

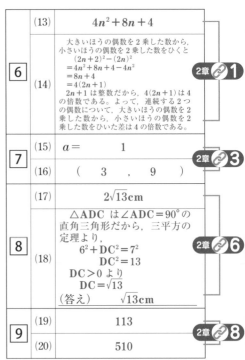

① 5でわると結果が0でない整数になる。→はい Ⓐ$-5,5$
↓いいえ $-6,-4,-3,-2,-1,0,1,2,3,4,6$
② 絶対値が3より大きい。→はい Ⓑ$-6,-4,4,6$
↓いいえ $-3,-2,-1,0,1,2,3$
③ -2 をかけると結果が正の整数になる。→はい Ⓒ$-3,-2,-1$
↓いいえ
Ⓓ $0,1,2,3$

2 (3) 底面積は　　$\pi \times 3^2 = 9\pi (\mathrm{cm}^2)$

側面積は　　$\underline{2\pi \times 3 \times 5} = 30\pi (\mathrm{cm}^2)$
　　　　　　　└─底面の円周（$2 \times \pi \times$ 半径）

表面積は　　$9\pi \times 2 + 30\pi = 48\pi (\mathrm{cm}^2)$

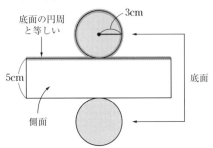

底面の円周と等しい

3cm

5cm

底面

側面

ミス注意!! 角柱・円柱の底面は2つ

角柱や円柱の表面積は,
　側面積＋底面積×2
底面積を1つ分しかたさないミスに注意。

(4) 組み立てると右の図のように底面が半径3cmの円で,高さが5cmの円柱になる。

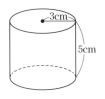

3cm

5cm

円柱の体積＝底面積×高さ
より,
　$\pi \times 3^2 \times 5 = 45\pi (\mathrm{cm}^3)$

3 (5) 相対度数 $= \dfrac{\text{階級の度数}}{\text{度数の合計}}$ より,求める。

75分以上90分未満の階級の度数は4人,度数の合計は32人だから
$4 \div 32 = 0.125$

(6) **最初の階級から,その階級までの相対度数の合計がその階級の累積相対度数である。**

よって,累積相対度数は次の図より,
$0.0625 + 0.125 + 0.1875 = 0.375$

勉強時間

階級（分）	度数（人）	相対度数	
0 以上 ～ 15 未満	2	0.0625	←2÷32
15　　～　30	4	0.125	←4÷32
30　　～　45	6	0.1875	←6÷32
45　　～　60	8		
60　　～　75	8		
75　　～　90	4		
合計	32		

［別解］ 累積相対度数 $= \dfrac{\text{階級の累積度数}}{\text{度数の合計}}$
より,求めることができる。

累積度数は**最初の階級から,その階級までの度数の合計**だから,30分以上45分未満の階級までの累積度数は
$2 + 4 + 6 = 12$
よって,累積相対度数は
$12 \div 32 = 0.375$

4 問題文から，等しい数量関係を見つけて式に表す。

(7) 個数の関係を式に表すと，

（あめの数）＋（ガムの数）＝9 より，

$x + y = 9$ ……①

(8) 代金の関係を式に表すと，

（あめの代金）＋（ガムの代金）＝250 より，

$25x + 30y = 250$ ……②

> 📝memo✏ **ことばの式を活用する。**
> 数量の関係をことばの式に表して，文字 x，y をあてはめると，何の関係を表した式なのかがはっきりして，ミスが防げる。

(9) ①と②の連立方程式を解く。

①×30－②

$$
\begin{array}{r}
30x + 30y = 270 \\
-)\ 25x + 30y = 250 \\
\hline
5x \qquad\quad = 20
\end{array}
$$

$x = 4$

①に $x = 4$ を代入して，

$4 + y = 9,\ y = 5$

> 📝memo✏ **個数や人数は整数になる。**
> 方程式を解いて，解が小数や分数になったら，どこかにまちがいがあるので，もう一度考え直す。
> なお，方程式の応用問題では，解が問題に合っているかどうかを，必ず確認すること。

5 (10) **1次関数の式 $y = ax + b$ の形にする。**

$x - 2y - 3 = 0$

x，-3 を右辺に移項して，

$-2y = -x + 3$

両辺を y の係数 -2 でわって，

$y = \dfrac{1}{2}x - \dfrac{3}{2}$

(11) 直線と y 軸の交点は切片であるから，

その座標は $\left(0,\ -\dfrac{3}{2}\right)$

$x - 2y - 3 = 0$ に，$x = 0$ を代入して，

$-2y - 3 = 0,\ -2y = 3,\ y = -\dfrac{3}{2}$

としても求められるが，(10)で式を

$y = ax + b$ に変形しているから，

y 軸との交点→切片 b →交点$(0,\ b)$

と求めよう。

> 📝memo✏ **1次関数のグラフ**
> $y = ax + b$ の a は傾き，b は切片
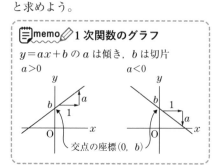
> 交点の座標$(0,\ b)$

(12) $x - 2y - 3 = 0$ に，$y = 0$ を代入して，

$x - 3 = 0,\ x = 3$

よって，その座標は$(3,\ 0)$

$x - 2y - 3 = 0$ のグラフは次のようになる。

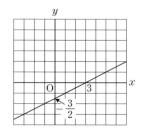

6 小さいほうの偶数を $2n$ とすると，大きいほうの偶数は $2n + 2$ と表される。

(13) $(2n+2)^2 = (2n)^2 + 2 \times 2 \times 2n + 2^2$
$= 4n^2 + 8n + 4$

(14) (13)で求めた式から，小さいほうの偶数の2乗 $4n^2$ をひいた式が，$4 \times$（整数）の形になることを示せばよい。

📝memo 三平方の定理

直角三角形の直角をはさむ2辺の長さを a, b, 斜辺の長さを c とすると,次の関係が成り立つ。

$$a^2+b^2=c^2$$

直角と向かい合う辺が斜辺である。まず,斜辺がどの辺であるかを確認してから,式を立てよう。

7 (15) 関数 $y=ax^2$ 上の点が1点でもわかっていれば,その x, y の値を式に代入することで,a の値を求めることができる。

$y=ax^2$ に $x=-1$, $y=1$ を代入して,
$$1=a\times(-1)^2, \quad a=1$$

(16) (15)より,関数の式は $y=x^2$
これに $x=3$ を代入して,
$$y=3^2=9$$

8 三平方の定理を利用する。

(17) 辺 AB を辺にもつ直角三角形 ABD に着目し,三平方の定理を使う。

$$AB^2=AD^2+BD^2$$
$$=6^2+4^2=52$$
AB>0 より,$AB=\sqrt{52}=2\sqrt{13}$

(18) (17)と同様に,辺 DC を辺にもつ直角三角形 ADC に着目し,三平方の定理を使う。

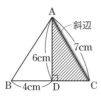

9 (19) それぞれの位の数の2乗をたして,
$$【87】=8^2+7^2=113$$

(20) 百の位の数を a,十の位の数を b,一の位の数を c とすると,
$$【abc】=a^2+b^2+c^2=26$$
上の位の数が大きいほど数は大きくなるから,$a\geq b\geq c$
$5^2<26<6^2$ より,$a\leq 5$
x が最大となるのは $a=5$ のときで,
$$5^2+b^2+c^2=26$$
$$b^2+c^2=1$$
$b\geq c$ より,$b=1$, $c=0$
よって,$x=510$
$$【510】=5^2+1^2+0^2=26$$

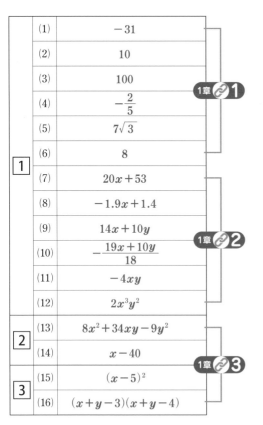

1	(1)	-31	
	(2)	10	
	(3)	100	
	(4)	$-\dfrac{2}{5}$	1章🔗**1**
	(5)	$7\sqrt{3}$	
	(6)	8	
	(7)	$20x+53$	
	(8)	$-1.9x+1.4$	
	(9)	$14x+10y$	
	(10)	$-\dfrac{19x+10y}{18}$	1章🔗**2**
	(11)	$-4xy$	
	(12)	$2x^3y^2$	
2	(13)	$8x^2+34xy-9y^2$	
	(14)	$x-40$	1章🔗**3**
3	(15)	$(x-5)^2$	
	(16)	$(x+y-3)(x+y-4)$	

4	(17)	$x=$ 6	
	(18)	$x=$ -14	
	(19)	$x=$ $\pm\dfrac{\sqrt{3}}{7}$	1章🔗**4**
	(20)	$x=$ $\dfrac{7\pm\sqrt{41}}{4}$	
5	(21)	$x=$ 10 , $y=$ -6	
	(22)	$x=$ -2 , $y=$ -7	
6	(23)	$y=$ $-\dfrac{28}{x}$	1章🔗**5**
	(24)	6	1章🔗**8**
	(25)	$y=$ $\dfrac{3x-14}{7}$	1章🔗**2**
	(26)	$\angle x=$ 135 度	1章🔗**6**
	(27)	1260 度	
	(28)	$\dfrac{1}{9}$	1章🔗**8**
	(29)	$y=$ $\dfrac{1}{2}$	1章🔗**5**
	(30)	$\angle x=$ 116 度	1章🔗**7**

◇◆◇3級1次（計算技能検定）◇◆◇　**解説**　◇◆◇

1 (1)　$-(\ \ )$のかっこをはずすときは，符号に注意する。$-(-■)=+■$

$-34-(-9)-6$
$=-34+9-6=-40+9=-31$

(2)　除法→加法の順に計算する。

$14+\underset{\text{先に計算}}{28\div(-7)}$

$=14+(-4)=14-4=10$

(3)　累乗→減法の順に計算する。

$\underset{\text{◀累乗}}{(-6)^2}-\underset{}{(-4)^3}$◀累乗
$=36-(-64)$　　◀減法
$=36+64=100$

(4)　累乗→乗法→加法の順に計算する。

$-\dfrac{7}{10}+\dfrac{2}{15}\times\left(\dfrac{3}{2}\right)^2$
$=-\dfrac{7}{10}+\dfrac{2}{15}\times\dfrac{9}{4}=-\dfrac{7}{10}+\dfrac{3}{10}$
$=-\dfrac{4}{10}=-\dfrac{2}{5}$

(5)　根号の中をできるだけ小さい整数に変形する。$\sqrt{a^2b}=a\sqrt{b}$

$2\sqrt{75}-\sqrt{27}$
$=2\sqrt{3\times5^2}-\sqrt{3\times3^2}$
$=2\times5\sqrt{3}-3\sqrt{3}$
$=10\sqrt{3}-3\sqrt{3}=7\sqrt{3}$

(6)　分母を有理化する。

$$\frac{a}{\sqrt{b}} = \frac{a \times \sqrt{b}}{\sqrt{b} \times \sqrt{b}} = \frac{a\sqrt{b}}{b}$$

$$4\sqrt{2}\,(\sqrt{2}+6) - \frac{48}{\sqrt{2}}$$

$$= 4\sqrt{2} \times \sqrt{2} + 4\sqrt{2} \times 6 - \frac{48 \times \sqrt{2}}{\sqrt{2} \times \sqrt{2}}$$

$$= 8 + 24\sqrt{2} - \frac{48\sqrt{2}}{2}$$

$$= 8 + 24\sqrt{2} - 24\sqrt{2} = 8$$

(7)　$9(4x+7) + 2(-8x-5)$

$$= 9 \times 4x + 9 \times 7 + 2 \times (-8x) + 2 \times (-5)$$

$$= 36x + 63 - 16x - 10 = 20x + 53$$

(8)　$0.8(x+4) - 0.9(3x+2)$

$$= 0.8x + 3.2 - 2.7x - 1.8 = -1.9x + 1.4$$

(9)　$3(-2x+5y) + 5(4x-y)$

$$= -6x + 15y + 20x - 5y = 14x + 10y$$

(10)　分母の 9 と 6 の最小公倍数 18 を分母
として，通分する。

$$\frac{-2x+y}{9} - \frac{5x+4y}{6}$$

$$= \frac{2(-2x+y) - 3(5x+4y)}{18}$$

$$= \frac{-4x+2y-15x-12y}{18}$$

$$= \frac{-19x-10y}{18} = -\frac{19x+10y}{18}$$ どちらで
も正解

(11)　分数の形で表し，数どうし，文字どう
しをそれぞれ約分する。

$$-36x^2y^3 \div 9xy^2 = -\frac{36x^2y^3}{9xy^2}$$

$$= -\frac{36 \times x \times x \times y \times y \times y}{9 \times x \times y \times y} = -4xy$$

(12)　累乗の計算をして，乗法だけの式に直
して計算する。

$$\left(\frac{5}{3}xy^2\right)^2 \times \frac{21}{20}x^2y \div \frac{35}{24}xy^3$$

$$= \frac{25}{9}x^2y^4 \times \frac{21}{20}x^2y \times \frac{24}{35xy^3}$$

$$= \frac{25x^2y^4 \times 21x^2y \times 24}{9 \times 20 \times 35xy^3} = 2x^3y^2$$

②(13)　$(4x-y)(2x+9y)$

$$= 8x^2 + 36xy - 2xy - 9y^2$$

$$= 8x^2 + 34xy - 9y^2$$

(14)　乗法公式
$(x+a)(x+b) = x^2 + (a+b)x + ab,$
$(x+a)(x-a) = x^2 - a^2$ を利用して展開
し，同類項をまとめる。

$$(x-7)(x+8) - (x+4)(x-4)$$

$$= x^2 + x - 56 - (x^2 - 16)$$

$$= x^2 + x - 56 - x^2 + 16 = x - 40$$

③(15)　$x^2 - 2ax + a^2 = (x-a)^2$ を利用する。

$$x^2 - 10x + 25 = (x-5)^2$$

(16)　$x+y$ を A とおいて，
乗法公式 $x^2 + (a+b)x + ab$
$= (x+a)(x+b)$ を利用する。

$$(x+y)^2 - 7(x+y) + 12$$

$$= A^2 - 7A + 12 = (A-3)(A-4)$$

$$= (x+y-3)(x+y-4)$$

④(17)　文字の項を左辺に，数の項を右辺に移
項して，$ax = b$ の形に整理する。

$$6x + 15 = 7x + 9, \quad 6x - 7x = 9 - 15,$$

$$-x = -6, \quad x = 6$$

(18)　分母の 3 と 6 の最小公倍数 6 を両辺に
かけると，

$$\frac{x+3}{3} \times 6 = \frac{x-8}{6} \times 6$$

$$2(x+3) = x - 8$$

$$2x + 6 = x - 8, \quad x = -14$$

(19)　$49x^2 - 3 = 0, \quad 49x^2 = 3$

$$x^2 = \frac{3}{49}, \quad x = \pm\frac{\sqrt{3}}{\sqrt{49}} = \pm\frac{\sqrt{3}}{7}$$

(20)　2 次方程式の解の公式を利用すると，

$$x = \frac{-(-7) \pm \sqrt{(-7)^2 - 4 \times 2 \times 1}}{2 \times 2}$$

$$= \frac{7 \pm \sqrt{49-8}}{4} = \frac{7 \pm \sqrt{41}}{4}$$

5 (21) 上の式を①，下の式を②とすると，

$$①×3−②×2 \quad \begin{array}{r} 6x+9y=6 \\ -)6x+4y=36 \\ \hline 5y=-30 \\ y=-6 \end{array}$$

①に $y=-6$ を代入して，$x=10$

(22) **2つの式の係数を整数に直してから解く。**

上の式を①，下の式を②とすると，

①×10　$10x-3y=1$　……①′

②×6　$5x-2y=4$　……②′

①′−②′×2 より，$y=-7$

①′ に $y=-7$ を代入して，$x=-2$

6 (23) y が x に反比例する**ならば，式は**

$$y=\frac{a}{x}$$

$y=\frac{a}{x}$ に $x=4$，$y=-7$ を代入すると，

$-7=\frac{a}{4}$，$a=-28$

よって，式は，$y=-\dfrac{28}{x}$

(24) **データの範囲は，データの最大値と最小値の差である。**

最大値は 11，最小値は 5 だから，

$11-5=6$

(25) y を含む項を左辺に，その他の項を右辺に移項すると，

$-7y=14-3x$，

$$y=\frac{14-3x}{-7}=\frac{3x-14}{7}$$

(26) 右の図のように，直線 ℓ，m に平行な補助線 p をひく。

$m /\!/ p$ で，同位角は等しいから，$\angle a=65°$

よって，$\angle b=110°-65°=45°$

$\ell /\!/ p$ で，錯角は等しいから，

$\angle c=\angle b=45°$

よって，

$\angle x=180°-\angle c=180°-45°=135°$

(27) 九角形の内角の和は

$180°×(9-2)=180°×7=1260°$

> 📝memo✏️ **n 角形の内角の和**
>
> n 角形は，1つの頂点からひける $(n-3)$ 本の対角線によって $(n-2)$ 個の三角形に分けられる。
>
> よって，n 角形の内角の和は
> $180°×(n-2)$

(28) 大小2個のさいころの目の出方を表に表すと，右のようになる。目の出方は，全部で 36 通り。

小＼大	1	2	3	4	5	6
1				○		
2			○			
3		○				
4	○					
5						
6						

このうち，出る目の数の和が5となるのは，○印のついた4通り。

よって，求める確率は，$\dfrac{4}{36}=\dfrac{1}{9}$

(29) y が x の2乗に比例する**ならば，式は** $y=ax^2$

$y=ax^2$ に $x=4$，$y=2$ を代入すると，

$2=a×4^2$，$2=16a$，$a=\dfrac{1}{8}$

よって，式は，$y=\dfrac{1}{8}x^2$

$y=\dfrac{1}{8}x^2$ に $x=-2$ を代入すると，

$y=\dfrac{1}{8}×(-2)^2$，$y=\dfrac{1}{2}$

(30) 円周角の定理より，B を含まない $\overset{\frown}{AC}$ に対する円周角は 122°だから，中心角は，

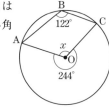

$2×122°=244°$

よって，

$\angle x=360°-244°$
　　　$=116°$

1	(1)	よしきさん 枚　妹 枚 $32-x$　　$10+x$	2章🔗**2**
	(2)	4　　　　　　　　枚	
2	(3)	$300°$	2章🔗**4**
	(4)	$30\pi \text{cm}^2$	
3	(5)	23　　　　　　　人	2章🔗**7**
	(6)	0.2	
4	(7)	ア $10a+b$　　イ $a+b$	2章🔗**1**
	(8)	$4a+b$	
5	(9)	（　2　,　4　）	2章🔗**3**
	(10)	$y=$　　$-2x+8$	
	(11)	$y=$　　$-2x+2$	

6	(12)	$n=$　　5, 6, 7, 8	2章🔗**1**
	(13)	$n=$　　　15	
7	(14)	$y=ax^2$ に $x=-6$, $y=-12$ を代入して $-12=a\times(-6)^2$ $a=-\dfrac{1}{3}$ （答え）$a=$　$-\dfrac{1}{3}$	2章🔗**3**
	(15)	$-27\leqq y\leqq 0$	
8	(16)	△ABF において，三平方の定理より $AF^2=AB^2+BF^2$ $=4^2+2^2$ $=20$ $AF>0$ より，$AF=2\sqrt{5}$ （答え）　　$2\sqrt{5}$ cm	2章🔗**6**
	(17)	$3\sqrt{5}$ cm	
	(18)	$\sqrt{61}$ cm	
9	(19)	交差点の数　道のりの合計 4　　　　1100　　m	2章🔗**8**
	(20)	b2, c2, c3, d3, d4	

◇◆◇3級2次（数理技能検定）◇◆◇　**解説**　◇◆◇

1 (1)　よしきさんの折り紙の枚数は x 枚減
　　　るから，$32-x$（枚）　…①
　　　　妹の折り紙の枚数は x 枚増えるから，
　　　$10+x$（枚）　…②
　　(2)　(1)より，①＝②×2 だから，
　　　　　$32-x=2(10+x)$
　　　　　$32-x=20+2x$
　　　　　$-x-2x=20-32$
　　　　　　$-3x=-12$
　　　　　　　$x=4$（枚）

2 (3)　中心角を $x°$ とすると，

　　　　$2\pi\times6\times\dfrac{x}{360}=10\pi$
　　　　　　　　　$x=300$（°）
　　(4)　$\pi\times6^2\times\dfrac{300}{360}=30\pi(\text{cm}^2)$

　　［別解］　$\dfrac{1}{2}\times10\pi\times6=30\pi(\text{cm}^2)$

📝**memo** ✏️**おうぎ形の弧の長さと面積**
　　半径 r，中心角 $a°$ のおうぎ形の弧の長
さを ℓ，面積を S とすると，
弧の長さ　$\ell=2\pi r\times\dfrac{a}{360}$
面積　　　$S=\pi r^2\times\dfrac{a}{360}$
　　　　　$S=\dfrac{1}{2}\ell r$

3 (5) 累積度数は，最初の階級から，その階
級までの度数の合計だから，最初の階級
から，21kg以上24kg未満の階級まで
の度数の合計は，

4＋9＋10＝23（人）

握力の記録

階級(kg)	度数(人)	累積度数
15以上〜 18未満	4	4
18 〜 21	9	4＋ 9＝13
21 〜 24	10	13＋10＝23
24 〜 27	13	23＋13＝36
27 〜 30	6	36＋ 6＝42
30 〜 33	3	42＋ 3＝45
合計	45	

同じ

(6) 相対度数＝$\dfrac{階級の度数}{度数の合計}$である。

18kg以上21kg未満の階級の度数は
9人だから，その相対度数は，

9÷45＝0.2

4 (7) 十の位の数をa，一の位の数をbとす
ると，2けたの数は$10a+b$（ア），十の
位の数と一の位の数の和は$a+b$（イ）と
表される。

(8) $(10a+b)+2(a+b)$
$=10a+b+2a+2b$
$=12a+3b=3(4a+b)$

5 (9) $y=x+2$に$x=2$を代入して，
$y=2+2=4$

(10) 直線の式は$y=ax+b$と表せる。

直線mはA(2, 4)，(4, 0)の2点を
通るから，$y=ax+b$に$x=2$，$y=4$を
代入して，

$4=2a+b$ ……①

$x=4$，$y=0$を代入して，

$0=4a+b$ ……②

②－①
$\begin{array}{r} 0=4a+b \\ -)\ 4=2a+b \\ \hline -4=2a \\ a=-2 \end{array}$

①に$a=-2$を代入して，

$4=-4+b$，$b=8$

よって，直線mの式は，$y=-2x+8$

[別解] 直線の傾きは，$\dfrac{y の増加量}{x の増加量}$で
求められるから，$a=\dfrac{0-4}{4-2}=-2$

$y=-2x+b$に$x=4$，$y=0$を代入
して，$0=-2\times4+b$，$b=8$

(11) 平行な直線の傾きは等しい。

(10)より，直線mの傾きは-2だか
ら，求める直線の傾きも-2

また，点Bのy座標は直線ℓの切片
だから，2である。

よって，求める直線は，傾きが-2，
切片が2だから，$y=-2x+2$

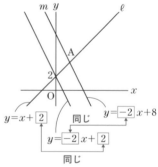

$y=x+\boxed{2}$ 同じ $y=\boxed{-2}x+8$

$y=\boxed{-2}x+\boxed{2}$

同じ

6 (12) $\sqrt{\boxed{}}<n<\sqrt{\blacksquare} \Rightarrow \boxed{}<n^2<\blacksquare$として考
える。

2乗すると，$24<n^2<65$

この条件にあてはまるn^2の値を探す
と，$n^2=5^2=25$，$n^2=6^2=36$，
$n^2=7^2=49$，$n^2=8^2=64$

よって，$n=5$，6，7，8

(13) $\sqrt{\blacksquare}$が正の整数になるのは，■がある
数の2乗のときである。

√ の中の 135 を素因数分解すると，
$$\sqrt{135n}=\sqrt{3^3 \times 5 \times n}=\sqrt{3^2 \times 3 \times 5 \times n}$$
$3 \times 5 \times n$ がある数の2乗になればよいので，$n=3 \times 5=15$ である。

このとき，
$$\sqrt{135n}=\sqrt{3^2 \times 3^2 \times 5^2}=\sqrt{45^2}=45$$
となる。

[7] (14) 関数 $y=ax^2$ のグラフが点 (m, n) を通るとき，$n=am^2$ が成り立つ。

(15) **変域を求めるときは，グラフのおおよその形をかくとわかりやすい。**

(14)より，グラフの式は $y=-\dfrac{1}{3}x^2$

よって，右の図のように，

$x=0$ で最大値
$y=0$

$x=-9$ で最小値
$$y=-\frac{1}{3} \times (-9)^2$$
$$=-27$$

となる。したがって，y の変域は
$$-27 \leq y \leq 0$$

[8] (16) 求める長さを1辺とする直角三角形で，残りの2辺が決まっていれば，**三平方の定理**を利用できる。

(17) 次の図のように，△ABC において，三平方の定理より，
$$AC=\sqrt{AB^2+BC^2}$$
$$=\sqrt{4^2+5^2}$$
$$=\sqrt{16+25}$$
$$=\sqrt{41}\,(cm)$$

また，△ACG において，三平方の定理より，

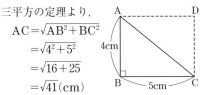

$$AG=\sqrt{AC^2+CG^2}$$
$$=\sqrt{(\sqrt{41})^2+2^2}$$
$$=\sqrt{41+4}=\sqrt{45}$$
$$=3\sqrt{5}\,(cm)$$

[別解]　$AG=\sqrt{4^2+5^2+2^2}$
$$=\sqrt{16+25+4}$$
$$=\sqrt{45}=3\sqrt{5}\,(cm)$$

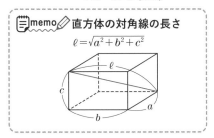

📝memo✏ **直方体の対角線の長さ**
$$\ell=\sqrt{a^2+b^2+c^2}$$

(18) 展開図をかいて考える。

点 D から点 F までかけた糸の長さがもっとも短くなるのは，展開図で，DF がたるむことのない直線になるときである。

DF を辺とする直角三角形を展開図の中で見つけ，三平方の定理により，DF の長さを求める。

次の図のように，もっとも短い長さは，直角三角形 AFD の斜辺 FD の長さである。

△AFD に三平方の定理を利用する。
$$FD=\sqrt{AF^2+AD^2}$$
$$=\sqrt{(4+2)^2+5^2}$$
$$=\sqrt{36+25}$$
$$=\sqrt{61}\,(cm)$$

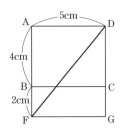

9 (19) まず，2人ずつに分けて，それぞれの最短の道のりを考える。

①あゆみさんとえみりさん

2人の歩く道のりの合計が最短となるのは600mのときで，右の図で示した交差点が集合場所となる。

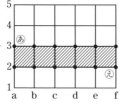

②いつきさんとうめかさん

2人の歩く道のりの合計が最短となるのは500mのときで，右の図で示した交差点が集合場所となる。

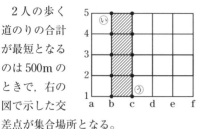

よって，①，②の共通の交差点であるb2，b3，c2，c3が，4人の歩く道のりの合計がもっとも短くなる集合場所である。また，道のりの合計は，

600＋500＝1100（m）となる。

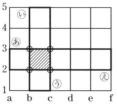

同様に，あゆみさんとうめかさん，いつきさんとえみりさんの組み合わせで考えた場合も，集合場所はb2，b3，c2，c3の4つの交差点のいずれかで，4人の歩く道のりの合計は，

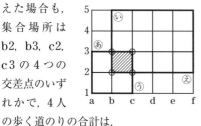

400＋700＝1100（m）

あゆみさんといつきさん，うめかさんとえみりさんの組み合わせで考えると，右の図のようになり，4人の歩く道のりの合計がもっとも短くなる集合場所は決められないことに注意する。

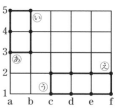

(20) まず，もっとも長く歩く人の道のりの，最短の道のりを求める。

2人の歩く道のりの合計がもっとも長いのはいつきさんとえみりさんの組み合わせで，その道のりは700mである。

もっとも長く歩く人の道のりができるだけ短くなるようにすると，長く歩く方が400m，もう片方が300m歩くことになる。

よって，もっとも長く歩く人の最短の道のりは400m。

以上より，いつきさん，あるいはえみりさんの歩く道のりが400mとなる交差点は，右の図の7つ。

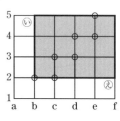

上の7つの交差点のうち，あゆみさん，あるいはうめかさんが歩く道のりが400m以下となる交差点は，b2，c2，c3，d3，d4。

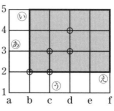

	(1)	-2
	(2)	33
	(3)	-17
1	(4)	$\dfrac{1}{7}$
	(5)	$\sqrt{3}$
	(6)	27
	(7)	$11x-2$
	(8)	$\dfrac{26x-3}{24}$
	(9)	$10x-37y$
	(10)	$-1.3x+3.3y$
	(11)	$-8xy^2$
	(12)	$-\dfrac{9}{5}y^2$
2	(13)	$2x^2-3x-20$
	(14)	$2x^2+6x-27$
3	(15)	$(x+8)(x-3)$
	(16)	$a(x-7)^2$

（1章 1）（1章 2）（1章 3）

	(17)	$x=$ -4
4	(18)	$x=$ 7
	(19)	$x=$ $\pm2\sqrt{6}$
	(20)	$x=$ $\dfrac{2\pm\sqrt{10}}{3}$
5	(21)	$x=$ 4 , $y=-3$
	(22)	$x=$ 2 , $y=7$
	(23)	$y=$ $-\dfrac{20}{x}$
	(24)	5 cm
	(25)	$a=$ $\dfrac{2b-1}{3}$
6	(26)	$\angle x=$ 162 度
	(27)	144 度
	(28)	$\dfrac{1}{9}$
	(29)	$y=$ 8
	(30)	$\angle x=$ 112 度

（1章 4）（1章 5）（1章 8）（1章 2）（1章 6）（1章 8）（1章 5）（1章 7）

◇◆◇3級1次（計算技能検定）◇◆◇ **解説** ◇◆◇

1 (1)　符号に注意してかっこをはずす。

$$+(-\blacksquare)=-\blacksquare,\quad -(-\blacksquare)=+\blacksquare$$

$$6+(-15)-(-7)$$
$$=6-15+7=13-15=-2$$

(2)　除法→減法の順に計算する。

$$27-\underset{\text{先に計算}}{\underline{18\div(-3)}}$$

$$=27-(-6)=27+6=33$$

(3)　累乗→加法の順に計算する。

$$\underset{\text{累乗}}{\underline{-3^2}}+\underset{}{\underline{(-2)^3}}\ \blacktriangleleft 累乗$$
$$=-9+(-8)\ \blacktriangleleft 加法$$
$$=-9-8=-17$$

(4)　乗法だけの式に直して計算する。

$$\left(-\frac{2}{5}\right)\div\frac{8}{5}\times\left(-\frac{4}{7}\right)$$
$$=\left(-\frac{2}{5}\right)\times\frac{5}{8}\times\left(-\frac{4}{7}\right)$$
$$=\frac{2\times5\times4}{5\times8\times7}=\frac{1}{7}$$

(5)　まず，根号の中をできるだけ小さい整数に変形する。

$$\sqrt{48}-\sqrt{75}+\sqrt{12}$$
$$=\sqrt{3\times4^2}-\sqrt{3\times5^2}+\sqrt{3\times2^2}$$
$$=4\sqrt{3}-5\sqrt{3}+2\sqrt{3}=\sqrt{3}$$

(6)　分母を有理化して，分母に根号を含ま
　　ない形に変形する。

$$\frac{a}{\sqrt{b}}=\frac{a\times\sqrt{b}}{\sqrt{b}\times\sqrt{b}}=\frac{a\sqrt{b}}{b}$$

$$(\sqrt{2}+5)^2-\frac{20}{\sqrt{2}}$$

$$=(2+10\sqrt{2}+25)-\frac{20\times\sqrt{2}}{\sqrt{2}\times\sqrt{2}}$$

$$=27+10\sqrt{2}-\frac{20\sqrt{2}}{2}$$

$$=27+10\sqrt{2}-10\sqrt{2}$$

$$=27$$

(7)　$7(3x-2)-2(5x-6)$

$$=7\times3x+7\times(-2)-2\times5x-2\times(-6)$$

$$=21x-14-10x+12$$

$$=11x-2$$

(8)　分母の6と8の最小公倍数24を分母
　　として，通分する。

$$\frac{5x+3}{6}+\frac{2x-5}{8}=\frac{4(5x+3)+3(2x-5)}{24}$$

$$=\frac{20x+12+6x-15}{24}=\frac{26x-3}{24}$$

(9)　$4(x-4y)+3(2x-7y)$

$$=4x-16y+6x-21y$$

$$=10x-37y$$

(10)　$0.9(3x+2y)-0.5(8x-3y)$

$$=2.7x+1.8y-4x+1.5y$$

$$=-1.3x+3.3y$$

(11)　分数の形で表し，数どうし，文字どう
　　しをそれぞれ約分する。

$$-40x^3y^3\div5x^2y=-\frac{40x^3y^3}{5x^2y}$$

$$=-\frac{40\times x\times x\times x\times y\times y\times y}{5\times x\times x\times y}=-8xy^2$$

(12)　乗法だけの式に直して計算する。

$$\frac{5}{3}xy^2\div\frac{8}{9}x^3y^2\times\left(-\frac{24}{25}x^2y^2\right)$$

$$=\frac{5}{3}xy^2\times\frac{9}{8x^3y^2}\times\left(-\frac{24}{25}x^2y^2\right)$$

$$=-\frac{5xy^2\times9\times24x^2y^2}{3\times8x^3y^2\times25}=-\frac{9}{5}y^2$$

2　(13)　展開公式$(a+b)(c+d)$
　　　$=ac+ad+bc+bd$ を利用する。

$$(x-4)(2x+5)$$

$$=2x^2+5x-8x-20$$

$$=2x^2-3x-20$$

(14)　乗法公式$(x+a)(x-a)=x^2-a^2$,
　　$(x+a)^2=x^2+2ax+a^2$ を利用して展
　　開し，同類項をまとめる。

$$(x+6)(x-6)+(x+3)^2$$

$$=(x^2-36)+(x^2+6x+9)$$

$$=x^2-36+x^2+6x+9$$

$$=2x^2+6x-27$$

3　(15)　$x^2+(a+b)x+ab=(x+a)(x+b)$
　　　を利用する。

$$x^2+5x-24=(x+8)(x-3)$$

(16)　共通因数をくくり出し，さらに，
　　$x^2-2ax+a^2=(x-a)^2$ を利用して因
　　数分解する。

$$ax^2-14ax+49a$$

$$=a\times x^2-14\times a\times x+49\times a$$

$$=a(x^2-14x+49)$$

$$=a(x-7)^2$$

4　(17)　文字の項を左辺に，数の項を右辺に移
　　　項して，$ax=b$ の形に整理する。

$$8x+9=5x-3,\ 8x-5x=-3-9,$$

$$3x=-12,\ x=-4$$

(18)　分母の2，6，3の最小公倍数6を両辺
　　にかけると，

$$\left(\frac{1}{2}x-\frac{1}{6}\right)\times6=\left(\frac{1}{3}x+1\right)\times6$$

$$\frac{1}{2}x\times6-\frac{1}{6}\times6=\frac{1}{3}x\times6+1\times6$$

$$3x-1=2x+6$$

$$x=7$$

(19)　$x^2-24=0,\ x^2=24,\ x=\pm\sqrt{24}$

$$x=\pm2\sqrt{6}$$

⑳ 2次方程式の解の公式を利用すると，

$$x = \frac{-(-4) \pm \sqrt{(-4)^2 - 4 \times 3 \times (-2)}}{2 \times 3}$$

$$= \frac{4 \pm \sqrt{16 + 24}}{6} = \frac{4 \pm \sqrt{40}}{6}$$

$$= \frac{4 \pm 2\sqrt{10}}{6} = \frac{2 \pm \sqrt{10}}{3}$$

5 ㉑ 上の式を①，下の式を②とすると，
①を②に代入して

$$3x - 15 = -2x + 5$$

$$5x = 20, \quad x = 4$$

①に $x = 4$ を代入して，$y = -3$

㉒ **下の式の係数を整数に直す。**
上の式を①，下の式を②とすると，

②×10 $4x + 3y = 29$ ……②′

①×3＋②′×2 より，$x = 2$

①に $x = 2$ を代入して，$y = 7$

6 ㉓ y が x に反比例するならば，式は

$$y = \frac{a}{x}$$

$y = \dfrac{a}{x}$ に $x = -5$，$y = 4$ を代入すると，

$$4 = \frac{a}{-5}, \quad a = -20$$

よって，式は，$y = -\dfrac{20}{x}$

㉔ 1つの階級が 140cm 以上 145cm 未満
であるから，階級の幅は

$$145 - 140 = 5(\text{cm})$$

㉕ a を含む項を左辺に，その他の項を右
辺に移項すると，

$$\frac{3a + 1}{2} = b$$ ← 両辺に2をかける

$$3a + 1 = 2b$$ ← ＋1を移項

$$3a = 2b - 1$$ ← 両辺を3でわる

$$a = \frac{2b - 1}{3}$$

㉖ 次の図で $\ell \parallel m$ で，同位角は等しいか
ら，

$$\angle CBD = 54°$$

よって，$\angle ABC = 180° - 54° = 126°$

三角形の1つ
の外角は，それ
ととなり合わな
い2つの内角の
和に等しいか
ら，

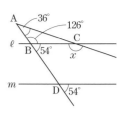

$$\angle x = \angle CAB + \angle ABC$$

$$= 36° + 126° = 162°$$

㉗ **正 n 角形の1つの内角の大きさは，**

$$\frac{180° \times (n - 2)}{n} \quad n = 10 \text{ を代入して，}$$

$$\frac{180° \times (10 - 2)}{10} = \frac{180° \times 8}{10} = 144°$$

㉘ 大小2個のさいこ
ろの目の出方を表に
表すと，右のように
なる。目の出方は，
全部で36通り。

大\小	1	2	3	4	5	6
1						
2						○
3				○		
4			○			
5						
6		○				

このうち，出る目の数の積が12とな
るのは，○印のついた4通り。

よって，求める確率は，$\dfrac{4}{36} = \dfrac{1}{9}$

㉙ **y が x の2乗に比例するならば，式
は $y = ax^2$**

$y = ax^2$ に $x = 3$，$y = 18$ を代入すると，

$$18 = a \times 3^2, \quad 18 = 9a, \quad a = 2$$

よって，式は，$y = 2x^2$

$y = 2x^2$ に $x = -2$ を代入すると，

$$y = 2 \times (-2)^2 = 8$$

㉚ 円周角の定理より，Bを含まない $\overset{\frown}{AC}$
に対する円周角は $124°$
だから，中心角は，

$$2 \times 124° = 248°$$

よって，

$$\angle x = 360° - 248°$$

$$= 112°$$

1	(1)	-3	2章🔗**1**
	(2)	$7℃$	
2	(3)	$100\pi\text{cm}^3$	2章🔗**6**
	(4)	$90\pi\text{cm}^2$	
3	(5)	表　⑤　　$y=-\dfrac{1}{3}x$	2章🔗**3**
	(6)	表　①　　$y=-\dfrac{2}{x}$	
4	(7)	$\dfrac{3}{5}$	2章🔗**7**
	(8)	$\dfrac{1}{5}$	
	(9)	$\dfrac{2}{5}$	
5	(10)	△　EDF　と△　ECG	2章🔗**5**
	(11)	①，④，⑥	
	(12)	③	

6	(13)	$x^2-20x+100\ \text{cm}^2$	2章🔗**2**
	(14)	$x^2-20x+100=100\times\dfrac{1}{2}$ $x^2-20x+50=0$ $x=\dfrac{20\pm\sqrt{400-4\times1\times50}}{2}$ $=10\pm5\sqrt{2}$ $0<x<10$ より，$x=10-5\sqrt{2}$ （答え）$x=\ \ 10-5\sqrt{2}$	
7	(15)	1	2章🔗**3**
	(16)	$y=\ \ x+4$	
8	(17)	$\dfrac{16}{3}\text{cm}$	2章🔗**4**
	(18)	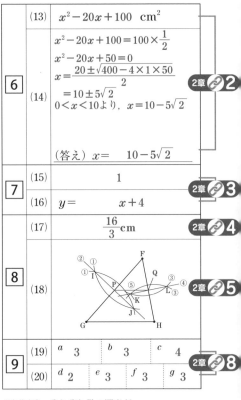	2章🔗**5**
9	(19)	a　3　　b　3　　c　4	2章🔗**8**
	(20)	d　2　　e　3　　f　3　　g　3	

※(19)(20)は，それぞれ数の順序が
入れかわっていても正解。

◇◆◇3級2次（数理技能検定）◇◆◇　**解説**　◇◆◇

1 (1)　基準の20℃より，3℃低いから，A に
あてはまる数は -3

(2)　$5-(-2)=7$（℃）

2 (3)　長方形 ABCD
を，辺 CD を軸
として1回転させ
ると，右の図のよ
うな円柱になる。

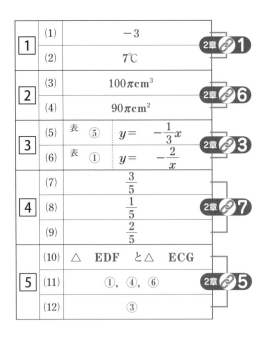

（円柱の体積）＝（底面積）×（高さ）より
$\pi\times5^2\times4=100\pi$（cm³）

(4)　（角柱・円柱の表面積）
＝（側面積）＋（底面積）×2 より，側面は
長方形で，縦の長さは4cm，横の長さ
は底面の円周の長さに等しく，
$2\pi\times5=10\pi$（cm）だから，側面積は
$4\times10\pi=40\pi$（cm²）
よって，表面積は
$40\pi+5^2\pi\times2=90\pi$（cm²）

3　①から⑤までの x と y の関係を式に表
すと，以下のようになる。

①$y=-\dfrac{2}{x}$　②$y=-x+1$

③$y=x+2$　④$y=x^2$　⑤$y=-\dfrac{1}{3}x$

(5) 比例の関係を表す式は，$y=ax$ の形で表されるから，y が x に比例する関係を表す表は⑤

(6) 反比例の関係を表す式は，$y=\dfrac{a}{x}$ の形で表されるから，y が x に反比例する関係を表す表は①

4 (7) 取り出し方は全部で5通り。そのうち，奇数は①，③，⑤の3通りだから，求める確率は $\dfrac{3}{5}$

(8) 樹形図をかいて，場合の数を数える。

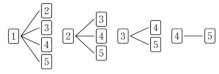

2枚のカードの取り出し方は，全部で10通り。そのうち，2枚の数の和が4以下であるのは①と②，①と③の2通りだから，求める確率は $\dfrac{2}{10}=\dfrac{1}{5}$

(9) 次の図のように，2けたの整数は，全部で20通りできる。そのうち，偶数になるのは，一の位が偶数の★の印をつけた8通りである。
よって，求める確率は
$\dfrac{8}{20}=\dfrac{2}{5}$

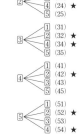

5 (10) FE と GE を辺にもつ2つの三角形 △EDF と △ECG に着目する。

(11) △EDF と △ECG において，
仮定より，ED＝EC
対頂角は等しいから，
∠FED＝∠GEC

平行線の錯角は等しいから，
∠EDF＝∠ECG

(12) (11)より，△EDF と △ECG において，1組の辺とその両端の角がそれぞれ等しいことがいえる。

6 (13) 1辺の長さが $10-x$(cm)だから，小さい正方形の面積は，
$(10-x)^2=100-20x+x^2\,(\mathrm{cm}^2)$

(14) もとの正方形の面積は
$10\times10=100\,(\mathrm{cm}^2)$だから，その半分は
$100\times\dfrac{1}{2}=50\,(\mathrm{cm}^2)$
この値と(13)で求めた式で，2次方程式をつくり，x の値を求める。

7 (15) 変化の割合＝$\dfrac{y\text{の増加量}}{x\text{の増加量}}$ にあてはめる。
$x=-2$ のとき，$y=\dfrac{1}{2}\times(-2)^2=2$
$x=4$ のとき，$y=\dfrac{1}{2}\times4^2=8$
よって，変化の割合は $\dfrac{8-2}{4-(-2)}=1$

(16) (15)より，点 A の座標は$(-2,\,2)$，点 B の座標は$(4,\,8)$
直線 ℓ の式を $y=ax+b$ とすると，直線 ℓ は2点 A，B を通るから，
$y=ax+b$ に $x=-2$，$y=2$ を代入して，
$2=-2a+b$ ……①
$y=ax+b$ に $x=4$，$y=8$ を代入して，
$8=4a+b$ ……②
②－①より，$a=1$
$a=1$ を①に代入して，$b=4$
よって，直線 ℓ の式は，$y=x+4$
[別解](15)で求めた変化の割合は，直線 ℓ の傾きと同じであるから，直線 ℓ の式を $y=x+b$ とする。この式に $x=-2$，$y=2$ を代入して，$2=-2+b$，$b=4$

8 (17) 三角形と比の定理を利用する。
AD：DB＝AE：EC，8：6＝AE：4

$6 \times \mathrm{AE} = 8 \times 4, \quad \mathrm{AE} = \dfrac{32}{6} = \dfrac{16}{3}\,(\mathrm{cm})$

📝memo✎ **三角形と比の定理**

DE∥BC ならば,
AD：AB＝AE：AC
　　　　＝DE：BC
AD：DB＝AE：EC

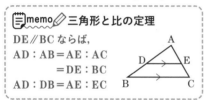

⒅　**相似な平面図形の相似比が $a：b$ のとき，面積比は $a^2：b^2$ である。**

　　△FPQ と △FGH の面積比が
$1：4 = 1^2：2^2$ であるから，相似比は $1：2$
　よって，条件から，点 P，Q はそれぞれ辺 FG，FH の中点である。
　　したがって，辺 FG，FH の垂直二等分線をそれぞれ作図する。

＜言葉による説明＞

❶　点 F，G を中心として等しい半径の円をかき，その交点を I，J とする。

❷　直線 IJ を引き，辺 FG との交点を P とする。

❸　点 F，H を中心として等しい半径の円をかき，その交点を K，L とする。

❹　直線 KL を引き，辺 FH との交点を Q とする。

❺　点 P と Q を結ぶと，それが求める線分 PQ である。

---

9 ⒆　a，b，c を $a \le b \le c$ として，3つの数の組 $(a,\ b,\ c)$ を調べる。
　　c の最大値は a，b が1のときで，$c = 10 - 2 = 8$ である。
　　c が8のとき，
　　　$(a,\ b,\ c) = (1,\ 1,\ 8)$　$a \times b \times c = 8$
　　c が7のとき，

$(a,\ b,\ c) = (1,\ 2,\ 7)$　$a \times b \times c = 14$
c が6のとき，
　$(a,\ b,\ c) = (1,\ 3,\ 6)$　$a \times b \times c = 18$
　$(a,\ b,\ c) = (2,\ 2,\ 6)$　$a \times b \times c = 24$
c が5のとき，
　$(a,\ b,\ c) = (1,\ 4,\ 5)$　$a \times b \times c = 20$
　$(a,\ b,\ c) = (2,\ 3,\ 5)$　$a \times b \times c = 30$
c が4のとき，
　$(a,\ b,\ c) = (3,\ 3,\ 4)$　$a \times b \times c = 36$
　$(a,\ b,\ c) = (2,\ 4,\ 4)$　$a \times b \times c = 32$
c は3以下にはならない。
　よって，3つの数の組が$(3,\ 3,\ 4)$
のときに積は最大になる。

⒇　d，e，f，g を $d \le e \le f \le g$ として，4つの数の組 $(d,\ e,\ f,\ g)$ を調べる。
　　g の最大値は d，e，f が1のときで，$g = 11 - 3 = 8$ である。
　　g が8のとき，
　$(d,e,f,g) = (1,1,1,8)$　$d \times e \times f \times g = 8$
　　g が7のとき，
　$(d,e,f,g) = (1,1,2,7)$　$d \times e \times f \times g = 14$
　　g が6のとき，
　$(d,e,f,g) = (1,1,3,6)$　$d \times e \times f \times g = 18$
　$(d,e,f,g) = (1,2,2,6)$　$d \times e \times f \times g = 24$
　　g が5のとき，
　$(d,e,f,g) = (1,1,4,5)$　$d \times e \times f \times g = 20$
　$(d,e,f,g) = (1,2,3,5)$　$d \times e \times f \times g = 30$
　$(d,e,f,g) = (2,2,2,5)$　$d \times e \times f \times g = 40$
　　g が4のとき，
　$(d,e,f,g) = (1,2,4,4)$　$d \times e \times f \times g = 32$
　$(d,e,f,g) = (1,3,3,4)$　$d \times e \times f \times g = 36$
　$(d,e,f,g) = (2,2,3,4)$　$d \times e \times f \times g = 48$
　　g が3のとき，
　$(d,e,f,g) = (2,3,3,3)$　$d \times e \times f \times g = 54$
g は2以下にはならない。
　　よって，4つの数の組が$(2,\ 3,\ 3,\ 3)$
のときに積は最大になる。